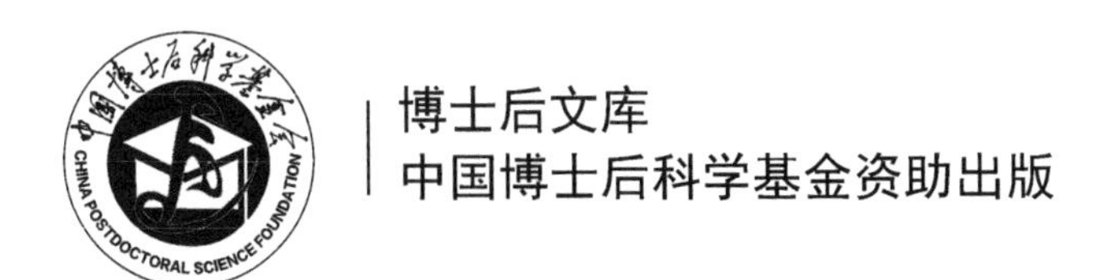

稻作流域水分管理及面源污染防控

刘连华　著

科学出版社
北　京

内 容 简 介

稻作流域水分利用率低且面源污染流失严重，制约了我国水稻生产的可持续发展。在保证产量稳产或增产的前提下，通过水分管理优化降低面源污染，已成为流域水环境保护领域的前沿热点。本书围绕稻作流域面源污染迁移转化特征，通过文献总结、田间试验、区域监测和模型模拟相结合的手段，探讨了稻作流域水分管理优化对面源污染流失的防控效果，系统地介绍了稻作流域水分管理下面源污染流失特征，并有针对性地提出了相应的防控措施。

本书可供生态与环境、农业资源与环境、水文与水资源工程等专业科研人员、管理人员、高等院校师生阅读参考。

审图号：GS 京（2024）2536 号

图书在版编目（CIP）数据

稻作流域水分管理及面源污染防控 / 刘连华著. -- 北京 : 科学出版社, 2025. 1. -- (博士后文库) . -- ISBN 978-7-03-080229-3

Ⅰ. X501

中国国家版本馆 CIP 数据核字第 2024MN8269 号

责任编辑：石 珺 / 责任校对：郝甜甜
责任印制：徐晓晨 / 封面设计：陈 敬

科学出版社 出版
北京东黄城根北街 16 号
邮政编码：100717
http://www.sciencep.com
北京建宏印刷有限公司印刷
科学出版社发行 各地新华书店经销
*
2025 年 1 月第 一 版 开本：720×1000 1/16
2025 年 1 月第一次印刷 印张：9 1/4
字数：185 000

定价：150.00 元

（如有印装质量问题，我社负责调换）

“博士后文库”编委会名单

“博士后文库”序言

1985年，在李政道先生的倡议和邓小平同志的亲自关怀下，我国建立了博士后制度，同时设立了博士后科学基金。30多年来，在党和国家的高度重视下，在社会各方面的关心和支持下，博士后制度为我国培养了一大批青年高层次创新人才。在这一过程中，博士后科学基金发挥了不可替代的独特作用。

博士后科学基金是中国特色博士后制度的重要组成部分，专门用于资助博士后研究人员开展创新探索。博士后科学基金的资助，对正处于独立科研生涯起步阶段的博士后研究人员来说，适逢其时，有利于培养他们独立的科研人格、在选题方面的竞争意识以及负责的精神，是他们独立从事科研工作的“第一桶金”。尽管博士后科学基金资助金额不大，但对博士后青年创新人才的培养和激励作用不可估量。四两拨千斤，博士后科学基金有效地推动了博士后研究人员迅速成长为高水平的研究人才，“小基金发挥了大作用”。

在博士后科学基金的资助下，博士后研究人员的优秀学术成果不断涌现。2013年，为提高博士后科学基金的资助效益，中国博士后科学基金会联合科学出版社开展了博士后优秀学术专著出版资助工作，通过专家评审遴选出优秀的博士后学术著作，收入“博士后文库”，由博士后科学基金资助、科学出版社出版。我们希望，借此打造专属于博士后学术创新的旗舰图书品牌，激励博士后研究人员潜心科研，扎实治学，提升博士后优秀学术成果的社会影响力。

2015年，国务院办公厅印发了《关于改革完善博士后制度的意见》（国办发〔2015〕87号），将“实施自然科学、人文社会科学优秀博士后论著出版支持计划”作为“十三五”期间博士后工作的重要内容和提升博士后研究人员培养质量的重要手段，这更加凸显了出版资助工作的意义。我相信，我们提供的这个出版资助平台将对博士后研究人员激发创新智慧、凝聚创新力量发挥独特的作用，促使博士后研究人员的创新成果更好地服务于创新驱动发展战略和创新型国家的建设。

祝愿广大博士后研究人员在博士后科学基金的资助下早日成长为栋梁之才，为实现中华民族伟大复兴的中国梦做出更大的贡献。

中国博士后科学基金会理事长

前　言

水稻是最主要的粮食作物，是全世界约 50%以上人口的主食。作为全球的水稻生产大国，我国水稻的绿色生产对保障世界粮食安全具有重要意义。然而，不合理的水分管理使大量氮磷等元素汇入周边受纳水体，对稻作流域水环境造成了严重污染。在水资源短缺和农业用水效率较低的背景下，保证水稻产量的同时，提高水分利用率并减少面源污染流失，广泛实施稻作流域水分管理优化已成为迫切需要。

稻田周围常常分布着排水沟渠和水塘，形成田–沟–塘系统。在稻田环节，田面水位具有较强的可调控性，充分发挥稻田作为最大人工湿地的功能，提高稻田的水文调蓄潜力，实现稻田生态水库的扩容，是减少稻作流域农业面源污染的重要手段。在沟渠和水塘环节，沟塘系统是稻田与下游水体的通道，具有截留农田排水和净化水质的功能，可有效降低进入下游受纳水体的污染物含量，对降低稻田面源污染流失具有良好效果。因此，充分发挥稻作流域田–沟–塘系统的作用，从源头减排（稻田）、过程阻控（沟渠）和末端净化（水塘）多个环节进行水分管理优化，对稻作流域面源污染防控具有重要意义。

本书通过文献分析、田间试验、区域监测、模型模拟等方法，探讨了稻作流域水分管理对面源氮磷污染流失的研究现状和热点，提出该领域未来的研究趋势和重点，为稻作流域面源污染防治研究提供参考；系统研究稻田氮磷流失的动态变化规律，识别氮磷流失的关键生育期，并确定关键生育期不影响水稻正常生长的排水水位阈值，为田面水位优化技术提供科学支撑和理论依据；综合考虑我国稻作流域降雨和种植制度的差异，确定南方和北方不同稻作流域典型种植模式下高效控水减排的灌排管理技术，并在全国尺度综合评估水分管理优化对稻田氮素径流流失的减排潜力，为我国稻作流域水稻生产水分管理提供理论依据和技术指导；探究水稻全生育期沟塘系统中氮磷变化，明晰沟塘系统对稻田径流及面源污染的影响，深化沟塘系统对氮磷流失截留机理的认识；最后，利用流域水文模型，在流域尺度上系统分析稻作流域多环节水分管理优化对氮磷流失的影响，为稻作流域农业面源污染防控提供科学依据。研究结果深化了对稻作流域农业面源污染流失特征的认识，为稻作流域水分管理优化措施的制定提供理论支撑和决策依据，对于提高稻作流域水分利用效率、改善水环境质量及促进水稻生产的可持续发展具有重要作用。

本书是在笔者攻读博士学位和开展博士后工作的研究基础上，进一步提炼整合完成的。本书得以出版，感谢工作单位中国农业科学院农业环境与可持续发展研究所与博士和博士后培养单位北京师范大学的大力支持，感谢北京师范大学郝芳华教授、欧阳威教授在博士和博士后期间的培养和指导，感谢诸多师长与研究合作者的帮助和鼓励！

由于作者水平有限，书中难免存在不足之处，恳请读者批评指正！

刘连华

2024年12月

目　录

第1章 绪 论

1.1 研究背景及意义

1.1.1 研究背景

在工业化、城镇化和农业集约化背景下，为保证作物稳产高产，过量水分和肥料被用于农业生产（Kumar and Jha，2015；Ouyang et al.，2018a；黄瑜，2021）。但是过量投入导致氮磷等元素通过地表径流等途径流入周边水体，引起水体富营养化等水环境问题（Macdonald et al.，2011）。我国是全球肥料施用大国，全年施肥量占全球总施肥量的29%左右（Heffer，2013），过量化肥施用导致氮磷等元素的低利用率和高流失率。根据《第二次全国污染源普查公告》，不包括典型地区农村生活源的农业污染源所排放的氮、磷分别占总排放量的 46.5%和 67.2%。农业污染源中，种植业的氮、磷排放分别占 50.8%和 35.9%。在流域水环境恶化的同时，全球面临着严重的水资源短缺（Davis et al.，2017）。我国作为全球水资源消耗大国，其农业灌溉水量占比较大（Kummu et al.，2016）。然而，农田水分利用效率低，存在着巨大的节水潜力（Meng et al.，2016）。因此，在保证作物稳产或高产的前提下，如何提高农田水分利用率并减少流域面源污染，已成为水环境管理和面源污染防控领域的前沿热点。

作为全球最主要的粮食作物，水稻是 50%以上人口的主食（Lampayan et al.，2015）。我国是水稻种植大国，种植面积和产量分别占世界种植面积和总产量的19%和 32%（FAO，2019）。我国水稻生产的可持续发展对保障粮食安全具有重要意义。稻田具有深耕不透水的犁底层，且周围修建的田埂可以蓄积灌溉水和降雨形成田面水。只有遇到强降雨，雨量超过稻田水容量时，田面水才会溢出田埂发生径流。在湿润多雨的地区，稻田系统可成为季节性的巨型“生态蓄水库”，起到调节水文循环和滞洪防涝的作用。因此，稻田系统被认为是世界上最大的人工湿地系统（Yoshinaga et al.，2007；Krupa et al.，2011；Hua et al.，2019a）。研究表明，长江三角洲地区的稻田面积约为 250 万 ha，可蓄水量为 75～87.5 亿 m^3，相当于 1.7～2.0 个太湖正常的蓄水量，可有效减轻洪水季的防洪压力（甄若宏，2007）。此外，水稻不仅是重要的粮食作物，也是非常高效的水体净化植物，可以降低水体中氮磷元素的浓度（郭海瑞等，2018）。但在实际生产中，稻田管理以追求经济效益为主，往往忽视了其湿地功能。为获得水稻高产，大量水肥被投入到水稻生产中，我国稻田灌溉水量和施肥量分别约占农业灌溉总水量的65%和总施肥量的15.4%（Zhuang et al.，2019；Fu et al.，2019）。过量水肥投入导致稻作流域的水分利用效率低、氮磷元素流失量大，引起水体富营养化等环境问题（Darzi-Naftchali et al.，2017；Zhao et al.，2012）。由此可见，稻田系统一方面可以是消纳氮磷污染物的“汇”，另一方面也可以是农业面源污染的“源”。合理地发挥稻田的水文调蓄潜力，实现稻田水容量的扩容，是减少稻作流域农业面源污染的重要手段。

农业农村部发布的《水稻优势区域布局规划（2008—2015）》将我国水稻主产区划分为东北、长江流域和东南沿海三大水稻主产区。其中，长江流域和东南沿海两个南方稻区，水稻种植面积和产量分别占全国的87.6%和87%左右。在南方稻作流域，稻田周围常常分布着排水沟渠和水塘，形成的田–沟–塘系统是南方稻作流域不可替代的景观格局（贾忠华等，2018；Li et al.，2020a）。在稻田环节，田面水位具有较强的可调控性，通过调节田面水位可以减少稻田排水，从而实现面源污染流失减排的目的。根据不同生育期水稻的耐淹特性，在不影响作物生长的同时，提高稻田排水水位，可以增加稻田水容量，有效减少稻田排水，从源头上降低田间面源污染流失（Hitomi et al.，2010；李竞春，2019）。沟塘系统是稻田与下游水体的通道，具有截留农田排水和净化水质的功能（Hua et al.，2019b；Wu et al.，2017），可以通过底泥吸附、植物吸收、微生物降解等作用，净化稻田排水中的氮磷等元素，降低进入下游受纳水体的污染物含量，对降低稻田氮磷流失起到良好的效果（Kumwimba et al.，2018；Uusheimo et al.，2018）。因此，充分发挥稻作流域田–沟–塘系统的作用，从源头减排（稻田）、过程阻控（沟渠）和末端净化（水塘）多个环节进行水分管理优化，对农业面源污染防控具有重要意义。

1.1.2 研究意义

我国农业可持续发展面临着在保证粮食产量的同时，提高水肥利用效率和减少农业面源污染的巨大挑战。水稻是我国的主要粮食作物之一，不合理的水肥管理使大量氮磷等元素随降雨径流汇入附近水体，对稻作流域水环境造成了严重污染。同时，由于年内或年际间水资源分配不均，水稻生产面临着严重的水资源短缺。为满足人口增长的需要，全球水稻产量将继续增加（Tilman et al.，2011）。因此可预见，水稻生产过程中面临的水环境恶化和水资源短缺的挑战将继续加重。充分发挥稻田系统作为最大人工湿地的功能，提高稻田系统的水文调蓄潜力，实现稻田生态水库的扩容，是减少稻作流域农业面源污染的重要手段。尤其是在我国长江流域和东南沿海水稻主产区，充分发挥田–沟–塘系统的作用，在田面水位、沟渠阻控和水塘净化多个环节开展水分管理优化，对于提高水肥利用效率、改善水环境质量及促进农业可持续发展具有重要作用。

本研究以稻作流域水分管理对面源污染流失的影响趋势为背景，着重研究典型种植模式下稻田氮磷流失特征及影响因素，识别出稻田面源污染流失关键生育期，形成典型种植模式下稻田控水减排技术规范，并在全国尺度上对稻田水分管理优化下的氮素径流流失减排潜力进行评估；在流域尺度上，探讨田面水位优化、沟渠优化和水塘优化对氮磷流失的截留效果，并系统分析多环节水分管理优化对流域面源氮磷迁移特征的影响。本研究将点与面有机结合，通过文献分析、田间试验、区域监测、模型模拟等多方法相结合的手段，探讨了稻作流域水分管理对面源氮磷污染流失影响的研究现状和热点，提出该领域未来的研究趋势和重点，以期为稻作流域面源污染防治提供参考；系统研究稻田氮磷流失的动态变化规律，识别氮磷流失的关键生育期，并确定关键生育期不影响水稻正常生长的排水水位阈值，可为田面水位优化技术提供科学支撑和理论依据；综合考虑我国稻作流域降雨和种植制度的差异，确定南方和北方不同稻区典型种植模式下高效控水减排的灌排管理技术，并在全国尺度综合评估水分管理优化对稻田氮素径流流失的减排潜力，可为我国稻作流域水稻生产水分管理提供理论依据和技术指导；探究水稻全生育期沟塘系统中氮磷变化，明晰沟塘系统对稻田径流及面源污染的影响，可深化沟塘系统对氮磷流失截留机理的认识；最后，利用流域水文模型，在流域尺度上系统分析稻作流域多环节优化管理对面源氮磷流失的影响，可为稻作流域农业面源污染防控提供科学依据。综上所述，本研究不仅可以深化对稻作流域农业面源氮磷污染流失特征的认识，同时也可以为稻作流域水分优化管理政策的制定提供理论支撑和决策依据，对于提高稻作流域水分利用效率、改善水环境质量及促进水稻生产的可持续发展具有重要作用。

1.2 国内外研究进展

1.2.1 稻作流域水文过程下面源氮磷污染流失特征

在整个水稻生长季，稻田几乎都需要保持一定高度的水层供作物生长需要。在田埂的保护下，稻田形成相对封闭的体系，其灌溉、持水和排水过程可以用三条水位线来表示（图 1-1）。当稻田某一时刻的田面水位（H_t）低于灌溉水位（H_{min}）时，执行灌溉操作，并灌溉到适宜水位（H）；当田面水位高于排水水位（H_{max}），超过稻田水容量时，田面水溢出田埂产生径流，造成氮磷污染流失（Jung et al.，2012；Darzi-Naftchali et al.，2017）。稻田水文因素，如降雨、灌溉、蒸散发、土壤储水以及地下渗漏等因素的动态变化会直接影响田面水位的变化，从而影响稻田水容量和稻田氮磷迁移和流失特征（Hitomi et al.，2010；张志剑等，2007）。在满足水稻正常生长用水的前提下，降低灌溉水位并提高排水水位，可以扩大稻田的蓄水量、减少稻田外排水量和氮磷流失量（Jeong et al.，2016）。而且，田面水位优化可使稻田的雨水蓄积量增加，更多的水分和氮磷元素被截留在稻田中供水稻生长，从而可以提高稻田水肥利用效率（Xiong et al.，2015）。

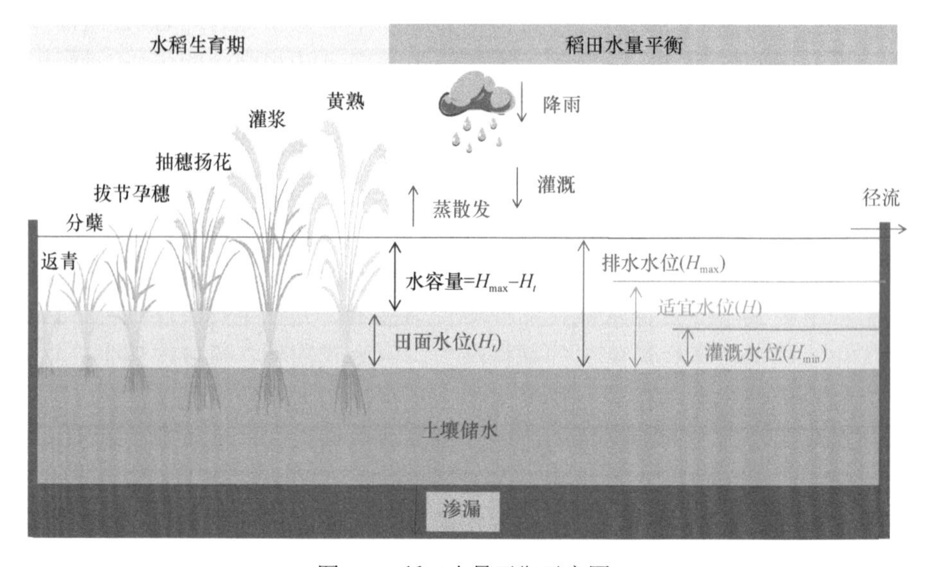

图 1-1 稻田水量平衡示意图

在我国南方稻作流域，沟塘系统作为稻田与湖泊和河流等水体之间的过渡带，既承担了上游稻田排水中氮磷等污染物“汇”的作用，又是下游受纳水体污染物的“源”（Soana et al.，2017；Shahbaz et al.，2007）。首先，在稻田降雨径流或人为排水过程中，沟塘系统通过水量调蓄的功能接纳稻田排水，避免其直接外排到受纳水体（Wang et al.，2017；Hua et al.，2019a）；其次，沟塘系统通过底泥吸附、植物吸收、微生物降解等作用实现对农田排水氮磷元素的截留，降低面源污染对水体的影响（Kumwimba et al.，2018；Uusheimo et al.，2018）。而且，经过沟塘净化后的水可以用于稻田循环灌溉，从而可以提高稻作流域水循环及水肥利用效率（图 1-2）（Owamah et al.，2014；Hua et al.，2019b）。因此，合理地优化稻作流域水循环过程，充分发挥田–沟–塘系统的水文调蓄潜力和氮磷截留作用，是减少稻作流域农业面源污染的重要手段。

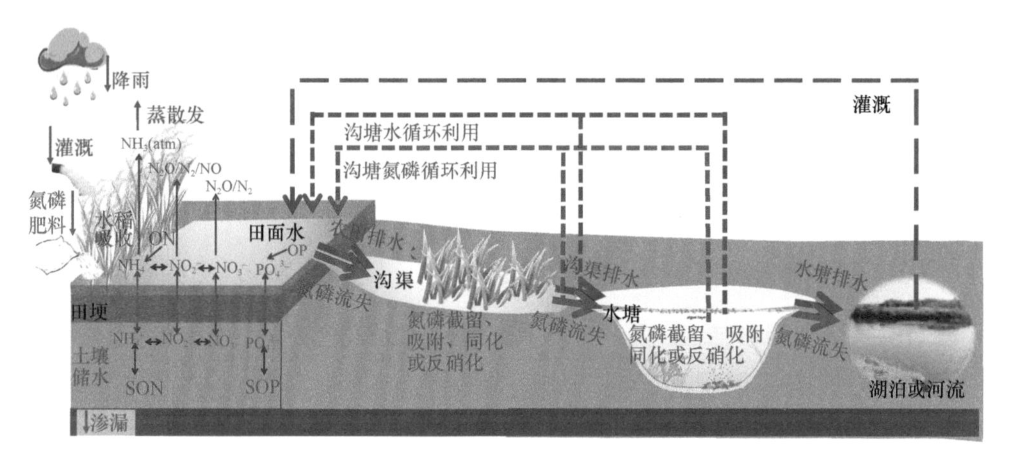

图 1-2　南方稻作流域水肥循环过程示意图

1.2.2　稻田水分管理优化下面源污染防控的研究进展

1.2.2.1　稻田水分管理对面源氮磷流失的影响

目前，通常通过优化灌溉和排水两种方式对稻田水分管理进行优化。节水灌溉可以在不显著降低产量或稳产增产的前提下，减少稻田灌溉水量，并降低面源氮磷流失（高世凯等，2017；Carrijo et al.，2017；Zhuang et al.，2019）。关于节水灌溉对稻田氮磷流失影响的研究已经较为完善。大量研究表明，节水灌溉在提高产量的同时，可有效降低灌溉量、径流量、渗漏量并减少氮磷流失量（韩焕豪等，2018；He et al.，2020）。优化稻田的排水管理措施，一是提高排水的水位高度，控制稻田高浓度的田面水直接外排（闫百兴等，2002）；二是可以增加雨后田面水滞留时间，在不影响水稻正常生长的情况下延长雨水在稻田内的滞留，减少稻田氮磷流失（Xiao et al.，2015）。已有研究表明，当田面水位设置为 30 mm、60 mm 和 90 mm 时，降雨后第 5 d 再排水，能有效降低氮磷排放（冯国禄等，2017）；相比常规排水管理，排水水位提高 10 mm、20 mm 和 30 mm，可有效降低灌溉量（6.89%～15.79%）、径流量（14.19%～39.68%）和氮磷流失量（6.64%～40.07%）（Hitomi et al.，2010）。

排水水位优化时，需要考虑各生育期水稻的耐淹特征。随着水稻的生长，株高不断增加，并在灌浆期趋于稳定。由于各生育期水稻株高和生理特征的差异，不同生育期的耐淹性不同。目前，关于排水水位优化的研究，不同学者对各生育期排水水位的设置不同。例如，在分蘖期、拔节–扬花期和灌浆期，雨后排水水位被分别设置为 50 mm、100 mm、150 mm（Shao et al.，2014），100 mm、200 mm 和 200 mm（俞双恩等，2018），以及 80 mm、100 mm 和 150 mm（孙亚亚等，2014；

王姣等，2018）。以上水位的设置未能充分考虑各生育期水稻的耐淹特征，未能针对性地对稻田氮磷流失的关键期进行排水优化。因此，在开展全生育期稻田氮磷流失动态规律研究的基础上，掌握氮磷流失的关键生育期，识别关键生育期不影响水稻正常生长的排水水位阈值，对实现稻田精准水位优化、最大限度地减少稻田氮磷流失具有重要意义。

1.2.2.2 稻田排水水位阈值的研究进展

在气候变化的背景下，水稻生育期内遇到强降水或发生洪涝灾害的频率频次增加（吴启侠等，2014）。通过优化雨后田面排水水位，发挥稻田水文调蓄潜力，达到充分利用降雨和减少氮磷流失的目的，已成为研究的热点（俞双恩等，2018）。开展不同生育期水稻耐淹特性的研究，识别不影响水稻正常生长的排水水位阈值，可为稻田排水优化技术提供关键参数和理论依据。目前，针对水稻耐淹特性的研究多集中于耐淹机理、耐淹基因、水稻生理生化特征及产量响应等方面（Ismail et al.，2013；Singh et al.，2017；王矿等，2015）。已有研究通过在不同生育期设置淹水深度和淹水高度的双因素控制试验，探究了不同淹水条件下水稻生理指标和产量变化，建立了田面排水水位与作物生理指标及产量的拟合关系，并以此为基础提出了不同生育期排水水位阈值（邵长秀等，2019；王斌等，2014；王矿等，2015）。但是，已有研究得到的排水水位是基于较高减产水平（10%～20%），所获得的排水水位（25～102 cm）远高于长江流域稻作区极端降雨阈值（例如，湖北安陆的极端降雨阈值为 100 mm）（王矿等，2014；吴启侠等，2014）。关于不同生育期水稻的耐淹性研究，大多数是从抗涝能力的角度来开展，未能形成不影响水稻正常生长的排水水位阈值，而且排水水位优化下稻田氮磷流失特征的系统研究较为薄弱。

1.2.2.3 稻田水分管理优化技术规范的研究进展

稻田水分管理优化技术可细分为灌溉管理优化和排水管理优化（Liu et al.，2021a）。目前我国水稻生产过程中常用的灌排管理通常为常规淹灌和遇雨排水，即在水稻整个生育期（中期晒田和收获期晒田除外）稻田始终保持浅水层，当发生降雨超过田面排水水位或田埂高度时，稻田排水。由于常规灌排管理下技术难度较低，管理较为简便，因此易于被农民接受。但是这种灌排管理较为粗放，灌水量大，径流发生频率较高，导致稻田水分利用效率低、水资源浪费以及面源污染流失严重（Fu et al.，2019）。在灌溉管理优化方面，控制灌溉、干湿交替灌溉、浅湿灌溉、蓄雨灌溉四种方式是目前我国水稻生产中常用的节水灌溉技术（Zhuang et al.，2019）。其中，干湿交替灌溉是在水稻生育期一段时间里保持水层，自然落干至土壤稍微干裂再灌溉，然后落干灌水循环。控制灌溉是移栽后田面保持 5～

25 mm 水层返青，分蘖后不再建立水层。浅湿灌溉是薄水插秧，浅水返青，分蘖前期保持土壤间土壤水分处于饱和状态，拔节孕穗–抽穗开花期保持浅水，灌浆期进行跑马水的灌溉方式，黄熟期田面湿润落干。蓄雨灌溉是在不影响作物生长的前提下多蓄雨水，提高降雨利用率。四种灌溉管理措施下，干湿交替灌溉技术是目前应用最为广泛的节水灌溉技术，在水稻主要生产国得到了大面积推广与应用，并取得了显著的节水效果（He et al.，2020；Zhuang et al.，2019）。在排水管理优化方面，主要通过提高排水水位并增加雨后田面水的滞留时间，控制降雨期间和降雨后稻田的排水，减少稻田径流量，从而减少稻田氮磷流失（Xiao et al.，2015）。已有学者研究了不同生育期不同排水水位处理下，水稻生长和作物产量以及稻田面源氮素流失的情况（俞双恩等，2018；孙亚亚等，2014），也有一些地区水稻生产管理技术规范中涉及到稻田排水水位的相关操作。

目前，稻田水分管理优化技术措施往往集中于灌溉管理优化和排水管理优化某一项或多项技术在某些稻作流域的应用。例如，国家标准 GB 50288-2018《灌溉与排水工程设计标准》（GB50288-2018）规定了，当发生强降雨时，田面水位如果超过了水稻的耐淹水深，应在水稻耐淹历时内排至允许蓄水高度；农业行业标准 NY/T 2625-2014 节水农业技术规范总则规定了，采取浅湿控制灌溉，控制田间水层和土壤含水量，使不同生长时期的水稻在浅水、湿润、干湿交替状态下生长的节水灌溉技术；也有一些地方标准，如江苏省地方标准（DB32/T 2950-2016《水稻节水灌溉技术规范》（DB32/T 2950-2016）和《宁夏地方标准》（DB64/T 295-2004）水稻节水高产控制灌溉技术规程，推荐了不同节水灌溉模式（如浅水勤灌、浅湿灌溉、湿润灌溉、控制灌溉）下田间水分调控指标。虽然已有技术标准对减少稻田灌排水量、扩大稻田蓄水容量、降低氮素流失量发挥了重要作用，但目前仍然缺乏全国尺度上针对稻田面源污染流失风险期的控水减排技术。在保证水稻产量的前提下，通过对风险期和非风险期灌溉和排水水位的控制，充分发挥稻田的蓄水、净化功能，对稻田氮磷流失的减排具有重要意义。特别是在排水管理环节，充分利用水稻的耐淹性，提高雨后排水水位高度，对于最大限度地扩大稻田蓄水容量、减少氮磷流失量至关重要。因此，制定适用于我国不同稻区、不同种植模式的水稻控水减排技术规范对于稻田水分管理优化具有重要指导意义。

1.2.2.4　稻田水分管理优化对我国稻作流域氮素径流流失减排潜力的研究进展

评估水分管理优化对稻作流域氮素径流流失的减排潜力是因地制宜地制定源头减排措施的重要前提，已有学者在该领域进行了大量的研究工作。通常方法为通过田间监测、水分控制试验等开展小尺度减排潜力评估。但是，由于田间水肥管理、降雨、温度等条件差异，现场田间试验难以反映不同水文条件和不同空间尺度上稻田面源氮素流失特征，因此大尺度稻作流域面源氮素径流流失估算逐渐成为研究热点。早期的估算方法一般是采用田间尺度的流失系数外推得到区域或全国尺度的稻田氮素径流流失量（刘宏斌等，2015）；或者是截至目前仍然较为常用的，通过建立稻田氮素径流流失与其影响因子间的统计关系来估算区域或全国尺度的稻田氮素径流流失量。例如，Hou 等（2016）通过 41 个点位 210 组实测数据分析了稻田氮素径流流失与水稻施肥量的非线性关系，估算了我国稻田氮素径流流失的时空分布特征（Hou et al.，2016；Hou et al.，2018）。Fu 等（2021）利用 11 个点位 127 次降雨径流事件开发了稻田氮磷流失估算模型，分析了我国不同稻区氮磷径流流失情况，并估算了不同施肥和水分管理条件下氮磷径流流失减排潜力。Gu 等（2015）通过建立全国尺度各个氮素流失系统的平衡模型估算了 1980～2010 年中国农田氮流失强度。Zhang 等（2017）利用稻田氮素径流流失与施氮量的关系估算了 2008 年全国稻区不同形式氮素流失量。总之，综合考虑氮素施用量、气候条件（如温度、降水）和土壤性质（如土壤类型、pH 值）的差异，很多学者已经对我国稻区稻田氮素流失的时空分布进行了估算（Hou et al.，2016；Gao et al.，2016；Lian et al.，2018；Zhou et al.，2015）。然而，综合考虑水分和施肥协同优化管理下，我国稻田氮素径流流失时空分布的估算研究较为缺乏。深入了解优化水分管理和氮肥施用条件下，我国稻田氮素径流流失的时空变化对确保水稻生产的可持续发展具有重要意义。

1.2.3 沟塘系统优化下面源污染防控的研究进展

1.2.3.1 沟渠优化下面源污染防控的研究进展

沟渠系统是由沟渠、植物、底泥和其中的微生物等组成，通过径流拦截、植物吸收、底泥吸附沉淀和微生物分解等多种机理，对稻田排水中的氮磷流失进行阻控截留（Kumwimba et al.，2018）。有机态氮和无机态氮是排水中氮元素进入沟渠的两种主要形式，氮元素在水体和淤泥层中进行硝化、反硝化和氨化作用，可以通过气态形式流失（Tian et al.，2018）（图 1-3）。农田排水中的磷流失主要以吸附在泥沙上的颗粒态为主（Wei et al.，2017）；随着泥沙颗粒在沟渠中的沉降，吸附在淤积层中是磷在排水沟渠中的主要截留形式（Takeda and Fukushima，2006）。溶解态和颗粒态无机磷易与铁、铝和钙发生吸附和沉淀反应，因此绝大部分无机磷都能被底泥吸附（Kröger and Moore，2011）。另外，沟渠水中部分氮磷元素可以供植物吸收，并通过收割植物的方式从而减少稻田排水中的部分氮磷污染物（Moore et al.，2010）。

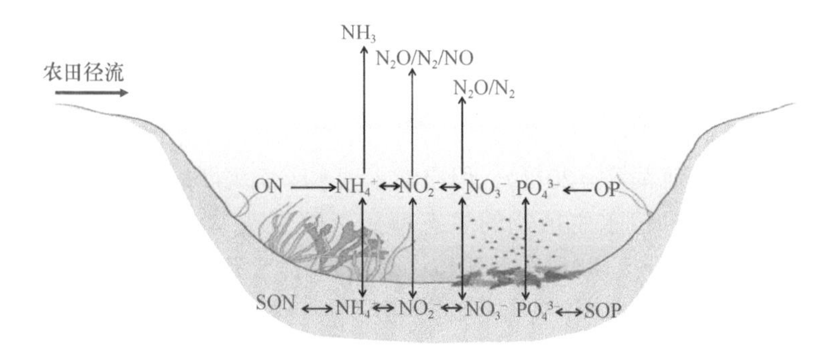

图 1-3　沟渠中氮磷迁移转化过程示意图

针对沟渠中氮磷元素的流失特征以及影响氮磷截留效果的关键影响因子，国内外学者先后开展了系统性研究，充分肯定了沟渠在农业面源污染防控中的重要作用（Dollinger et al.，2015；Wu et al.，2014；Moore et al.，2008）。由于不同地区水文及管理条件等差异，沟渠对污染物截留效果存在较大差异，氮磷污染的削减率范围分别为 15.80%～94.00%和 8.10%～95.00%（Xiong et al.，2015；Kumwimba et al.，2018）。沟渠内是否有水生植物及植物类型、水力负荷和水力停留时间等是影响沟渠氮磷截留效果的重要因素（Zhang et al.，2016；Dollinger et al.，2015；Moore et al.，2008）。其中，水生植物作为沟渠系统中的重要组成部分，可以增加沟渠的粗糙度，使沟渠水和植物间的摩擦力和阻力加大，从而降低沟渠流速，增加水力停留时间，便于沟渠水中氮磷等元素之间发生反应，从而提高对氮磷流失的截留效果（Kröger and Moore，2011）。相比无草的自然沟渠，植草沟渠对氮磷的削减率提高 2.30～2.70 倍（Fu et al.，2014）；流域内 90%的自然沟渠变为植草沟渠后，氮的削减率可提高 1.22～5.85 倍（Soana et al.，2019）。因此，利用种植水生植物并加以工程改造后的植草沟渠已成为国内外普遍采用的农田排水截留方法。此外，水文条件，即农田排水和降雨，是氮磷元素在排水沟渠中迁移转化的主要驱动力，会影响水力负荷和水力停留时间，从而影响沟渠对氮磷流失的截留效果（Hua et al.，2019a）。目前，针对沟渠氮磷截留效果的研究多集中于大田试验和模拟试验等（Xiong et al.，2015；Soana et al.，2019）。但田间监测和室内模拟只是特定水文和管理条件下的研究结果，难以反映不同水文及植草密度条件下沟渠对流域氮磷流失的截留效果。因此，综合考虑影响沟渠截留效果的关键因子（如水文条件和沟渠植草密度），利用水文模型在流域尺度上评估沟渠优化下面源氮磷流失减排潜力，对流域面源污染防控具有重要意义（Wei et al.，2017；张培培等，2014）。

1.2.3.2　水塘优化下面源污染防控的研究进展

与沟渠相似，水塘对氮磷流失主要通过径流拦截、植物吸收、底泥吸附等形式

（Mayo and Abbas，2014）。水塘内植物种类、停留时间和汇水面积是影响水塘氮磷流失截留效果的关键因素（Hansen et al.，2018；Sutherland et al.，2018；Schmadel et al.，2018）。研究表明，无优化管理的自然水塘对农田排水中的氮磷削减率分别为 15.2%和 6.5%（何军等，2011）。但自然水塘水土流失严重，无法充分发挥氮磷截留效果，改造为种植水生植物的生态塘后氮磷削减率可分别提高到 22.0%～50.4%和 9.6%～52.3%（王晓玲等，2017；彭世彰等，2010）。此外，研究表明流域尺度水塘汇水面积对水质净化具有重要影响，汇水面积为 100%流域面积的水塘比汇水面积 50%的水塘对流域硝态氮流失的削减率提高 3 倍左右（Hansen et al.，2018）。因此，通过修建排水沟渠连通稻田与水塘，增加水塘汇水面积，是提高水塘氮磷截留效果和控制稻作流域农业面源污染的重要手段（吴迪和崔远来，2017）。水文条件会影响水力负荷和污染物在塘内的滞留时间，从而影响水塘对氮磷流失的截留效果（Zhang et al.，2019a）。然而，田间监测只是特定水文和管理条件下的研究结果，难以反映长时间序列不同水文及优化条件下，水塘对氮磷流失的截留效果。因此，水葫芦生态塘模型、三维水环境流体生态动力学模型、植物浮岛湿地模型等常被用于模拟生态塘的养分削减效果（Mayo et al.，2018；Xavier et al.，2018；李建生，2016）。虽然上述模型考虑了水塘氮磷元素迁移转化机制，但仅为单独水塘模型，并未耦合到流域尺度，未能充分考虑流域水文及氮磷流失动态变化的影响。

1.2.4 田–沟–塘系统优化下面源污染防控的研究进展

随着对农业面源污染治理的深入了解，从源头减排、过程阻控到末端净化的多环节减排措施受到国内外学者的青睐，大量研究充分肯定了多环节优化措施在减轻地表水体富营养化方面的巨大作用（Wu et al.，2017；彭世彰等，2010）。目前，大部分多环节优化研究仅考虑某两个环节对农田面源污染物的截留效果和截留机理。例如，在江苏省无锡市集约化种植区，通过优化氮肥施用量或改变轮作模式可削减 35%～36%的氮素渗漏流失，再通过生态沟渠和湿地后，氮的去除率可达到 73%（Min and Shi，2018）；在湖南省常德市稻作流域，通过施肥减量可以有效降低田面水中的氮磷浓度，再通过生态沟渠可拦截 58.49%的氮流失和 67.07%的磷流失（石敦杰，2018）；在浙江省太湖典型流域，“农田生态沟渠–生态塘水肥一体化”系统对农田氮磷流失的削减率为 23%～82%（单立楠等，2013）；在江苏省高邮灌区，修整和种植水生植物后的沟塘系统，可减少 22.01%的氮流失和 9.59%的磷流失（彭世彰等，2013）。目前，针对沟塘系统对稻田排水中氮磷截留效果的研究，大多是通过分析沟塘进水口和出水口氮磷浓度的动态变化来评估氮磷流失的截留效果（彭世彰等，2013），对于稻田排水过程沟塘系统水质动态变化的研究仍需进一步细化和加强。另外，系统分析水稻全生育期内沟塘系统水质动态变化，明晰沟塘系统对稻作流域排水及氮磷流失的影响，可深化对沟塘系统氮磷截留机理的认识。

针对田–沟–塘系统三个环节组合优化的研究，多集中于稻田控制灌溉–明沟控水–水塘湿地组合优化对提高水分利用率和降低氮磷流失负荷的影响（Xiong et al., 2015；彭世彰等，2013）、稻田施肥优化–植草沟渠–好氧塘组合优化对水质及植物生长的影响（王春雪等，2019）。针对稻田排水水位–沟渠植草密度–水塘汇水面积组合优化下，稻作流域氮磷流失的系统研究较为薄弱（图1-4）。而且，目前多环节水分管理优化研究多集中于田间尺度的点位监测，在不同稻作流域水文条件、农田管理以及沟塘状态等差异的影响下，获得的氮磷污染物削减率范围较大。在流域尺度上开展田–沟–塘系统多环节水分管理优化研究，评价不同水文条件及优化条件下流域氮磷流失特征，可为该系统在我国稻作流域的应用提供理论支持和实践指导。

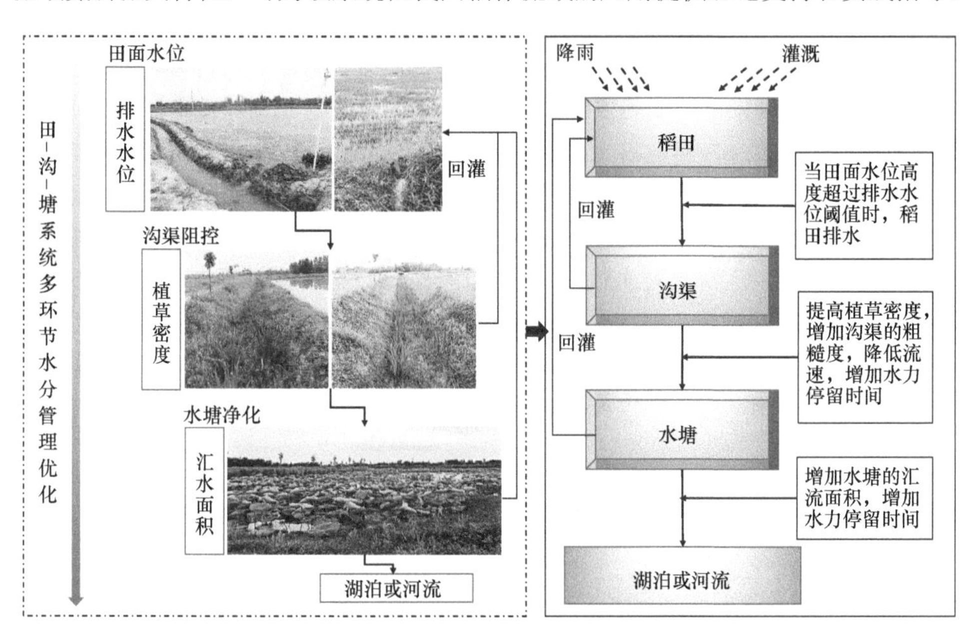

图1-4　田–沟–塘系统水分管理优化对面源污染流失控制的流程图

1.2.5　稻作流域面源污染流失模拟的研究进展

由于田间试验及场地监测只是特定观测尺度的结果，难以反映长时间序列流域水文和氮磷循环特征，因此模型工具被广泛应用于农业面源污染迁移过程和控制效果的模拟。分布式水文模型的发展为流域尺度面源污染流失过程模拟提供了有力的工具（郝芳华等，2006；Ouyang et al.，2017a）。SWAT（Soil and Water Assessment Tool）模型是一种基于过程的连续性分布式水文模型，被广泛用于模拟流域内主要污染物的产生、迁移及转化过程，定量评价流域面源污染流失负荷，以及分析和预测不同管理措施对水环境的影响（Wei et al.，2017）。为了更好地利用 SWAT 模型模拟稻田水文循环及氮磷流失特征，近年来部分学者对稻田模块的算法进行了优化改进，对 SWAT 模型中壶穴模块的形状、蒸散发及渗透过程等进行了改良，增设了灌溉水位（H_{min}）、适宜水位（H_p）和排水水位（H_{max}）三条水位线，可以较为完整的模拟稻田的灌排过程（代俊峰和崔远来，2009；Xie and Cui，2011；Sakaguchi et al.，2014；Wu et al.，2019a）。改进后的 SWAT 模型可用于模拟田面水位优化对稻作流域灌溉效率和节水潜力的影响（Wu et al.，2019b）。但是，目前利用改进的 SWAT 模型模拟田面水位优化下稻田氮磷流失特征的研究较为缺乏。

SWAT 模型中可以通过设置植草水道操作（Grassed Waterways）模拟沟渠对氮磷污染物的截留效果，通过设置坑塘操作（Pond）来模拟水塘对氮磷污染物的净化作用，并可通过组合多种管理措施模拟多环节优化对流域氮磷流失防控的效果（Dakhlalla and Parajuli，2016；Bosch，2008）。已有大量研究通过设置植草沟渠或水塘，模拟了流域水文及氮磷流失特征，证明了流域尺度上植草沟渠和水塘可有效减少氮磷污染流失和改善流域水环境（Bosch，2008；Leh et al.，2018）。实际上，田面水位、沟渠和水塘优化对面源污染流失的截留效果与水文条件，特别是降雨条件密切相关。在流域尺度，系统分析不同水文条件下，田面水位、沟渠和水塘单环节优化对流域面源氮磷流失的截留效果，以及田–沟–塘系统多环节水分管理优化综合效果的研究相对薄弱。综上所述，利用改进的 SWAT 模型系统评估流域尺度上田–沟–塘系统多环节水分管理优化对流域氮磷流失的影响，寻找最适宜的稻作流域水分管理优化措施，可为稻作流域农业面源污染防治提供科学依据。

1.3 需要进一步研究的问题

综合以上研究进展发现，虽然国内外学者针对稻田水分管理优化、沟塘系统优化及田–沟–塘系统多环节优化对稻作流域面源氮磷污染迁移的影响已开展了大量研究，在理论和方法上为本研究奠定了良好的基础，但仍存在以下不足之处：

（1）在稻田水分管理优化方面，田面水位的设置未能充分考虑氮磷流失关键生育期水稻的耐淹性，所推荐的排水水位是基于较高减产水平下（10%～30%）的水位阈值。因此，有必要在掌握稻田氮磷流失关键生育期的基础上，开展水稻产量对关键生育期淹水胁迫的响应研究，识别不影响水稻正常生长的排水水位阈值；并综合考虑我国稻作流域降雨和种植制度的差异，确定南方和北方不同稻区典型种植模式下的有效控水减排的灌排管理技术，在全国尺度综合评估水分管理优化对稻田氮素径流流失的减排潜力，可为我国稻作流域稻田水分管理提供技术指导。

（2）在沟塘系统优化方面，已有研究多集中于通过分析沟塘系统进水口和出水口的氮磷浓度来评估沟塘系统的截留效果，对于稻田排水过程中和水稻全生育期沟塘系统水质动态变化规律的研究有待进一步细化和加强；另外，已有研究多集中于通过田间监测或室内模拟试验开展沟塘系统对氮磷截留效果研究，得到的结果难以反映不同水文及优化条件下沟塘系统对流域氮磷流失的截留效果。因此，利用水文模型在流域尺度上评估沟塘系统优化对流域氮磷流失的影响，可为稻作流域沟塘系统的科学管理提供理论依据。

（3）在田–沟–塘系统优化方面，针对田面水位–沟渠植草密度–水塘汇水面积多环节优化下，稻作流域氮磷流失的系统研究较为薄弱。而且，已有研究多集中于田间尺度的点位监测，在不同稻区水文条件、农田管理以及沟塘状态等差异的影响下，获得的氮磷污染物削减率范围较大。因此，在流域尺度上开展田–沟–塘系统多环节优化研究，评价不同水文条件及优化条件下流域氮磷流失特征，可为该系统在稻作流域的应用提供理论支撑和实践指导。

1.4　研究内容和技术路线

1.4.1　研究目标

本研究采用文献总结、田间试验、区域监测、模型模拟相结合的方法，探讨稻作流域水分管理优化对面源污染防控及农业可持续发展的意义。研究目标如下：

（1）明确稻田氮磷流失关键生育期，识别关键生育期不影响水稻正常生长的排水水位阈值，归纳总结适用于我国南方和北方稻区的稻田控水减排技术规范；并在全国尺度分析稻田水分管理优化对氮素径流流失的减排潜力；

（2）系统分析水稻全生育期和排水过程沟塘系统氮磷变化规律，明晰沟塘系统对稻作流域农田排水及氮磷流失的影响，深化沟塘系统对氮磷流失截留机理的认识，为沟塘系统优化管理措施的制定提供理论支撑；

（3）在流域尺度上，系统分析不同水文条件下，田面水位、沟渠和水塘单环节优化对流域氮磷流失的截留效果，以及田–沟–塘系统多环节优化对流域氮磷迁移特征的影响，评估稻作流域多环节水分管理优化下面源污染防控效果。

1.4.2　研究内容

1）稻作流域水分管理对面源污染流失的影响研究趋势分析

利用 CiteSpace 软件对稻作流域水分管理对面源污染流失影响领域近三十年来的发文量、发文国家和研究机构以及关键词共现的知识图谱进行可视化分析，阐述水分管理对面源氮磷污染流失的研究现状和研究热点，提出该领域未来的研究趋势和重点，以期为稻作流域面源污染防控提供参考。

2）典型种植模式下稻田面源污染流失特征及关键生育期识别

对典型种植模式下稻田水分因子和氮磷流失动态进行原位监测。系统分析稻田水文及氮磷流失动态变化特征，探讨水文因子对稻田氮磷流失的影响，识别田面水位与氮磷流失的相关关系，揭示稻田氮磷流失的主要途径及关键生育期，为开展关键生育期排水水位阈值研究提供理论支撑。

3）典型种植模式下水稻关键生育期排水水位阈值研究

针对稻田氮磷流失关键生育期，通过水位控制试验开展关键生育期排水水位优化下产量及氮磷流失特征研究。探究关键生育期淹水胁迫对水稻生长的影响，识别关键生育期排水水位阈值；系统评估田面水位优化对稻田氮磷流失和产量的影响。研究结果为田面水位优化技术提供关键参数和理论依据。

4）典型种植模式下稻田控水减排技术规范研究

根据前期田间试验结果，结合国内外稻田控水减排相关的文献资料、法律法规和标准等，综合考虑我国稻区降雨和种植制度的差异，确定南方和北方不同稻作流域、典型种植模式下水稻高效控水减排的灌排管理技术内容，并明确相关关键技术参数，形成典型种植模式下稻田控水减排技术规范。

5）田间水分管理优化下我国稻田氮素径流流失减排潜力评估

分析中国稻田灌溉和氮素施用量的时空分布和变化趋势，量化我国稻田氮素径流流失时空分布和变化趋势，并综合考虑优化田间水分和施肥管理的协同影响，评估我国稻田氮素径流流失的减排潜力。

6）稻作流域沟塘系统对稻田面源污染流失的影响研究

在典型田–沟–塘系统开展水质水量监测，对稻田排水过程及全生育期沟塘系统的水质进行高频率监测。探究稻田排水过程中沟塘系统氮磷浓度动态变化规律，分析全生育期田–沟–塘系统中氮磷变化规律，明晰沟塘系统对稻作流域农田排水及氮磷流失的影响。研究结果可深化沟塘系统对氮磷流失截留效果和机理的认识。

7）稻作流域田–沟–塘系统优化下面源污染流失减排潜力研究

利用改进的 SWAT 模型，设置田面水位优化、沟渠优化、水塘优化单环节情景以及多环节组合优化情景。模拟分析典型稻作流域不同管理优化措施对面源污染流失的影响，评估田–沟–塘系统多环节优化对氮磷流失迁移的影响。研究结果为稻作流域田–沟–塘系统的优化管理提供理论支撑和实践指导。

1.4.3　技术路线

本研究采用文献总结、田间试验、区域监测和模型模拟相结合的手段，系统评估稻作流域水分管理优化对面源污染防控的效果。首先，利用 CiteSpace 软件对稻作流域水分管理对面源污染流失影响领域的发文量、发文国家和研究机构以及关键词共现的知识图谱进行可视化分析，提出该领域未来的研究趋势和重点。其次，通过稻田原位监测，系统分析稻田水文及氮磷流失动态变化特征，识别氮磷流失关键生育期，分析田面水位与氮磷流失的相关关系；通过田面水位优化试验，确定关键生育期的排水水位阈值，明确南方和北方不同稻作流域、典型种植模式下水稻高效控水减排的技术内容和关键参数，形成典型种植模式下稻田控水减排技术规范，并在全国尺度评估我国稻田氮素径流流失的减排潜力。再次，通过田–

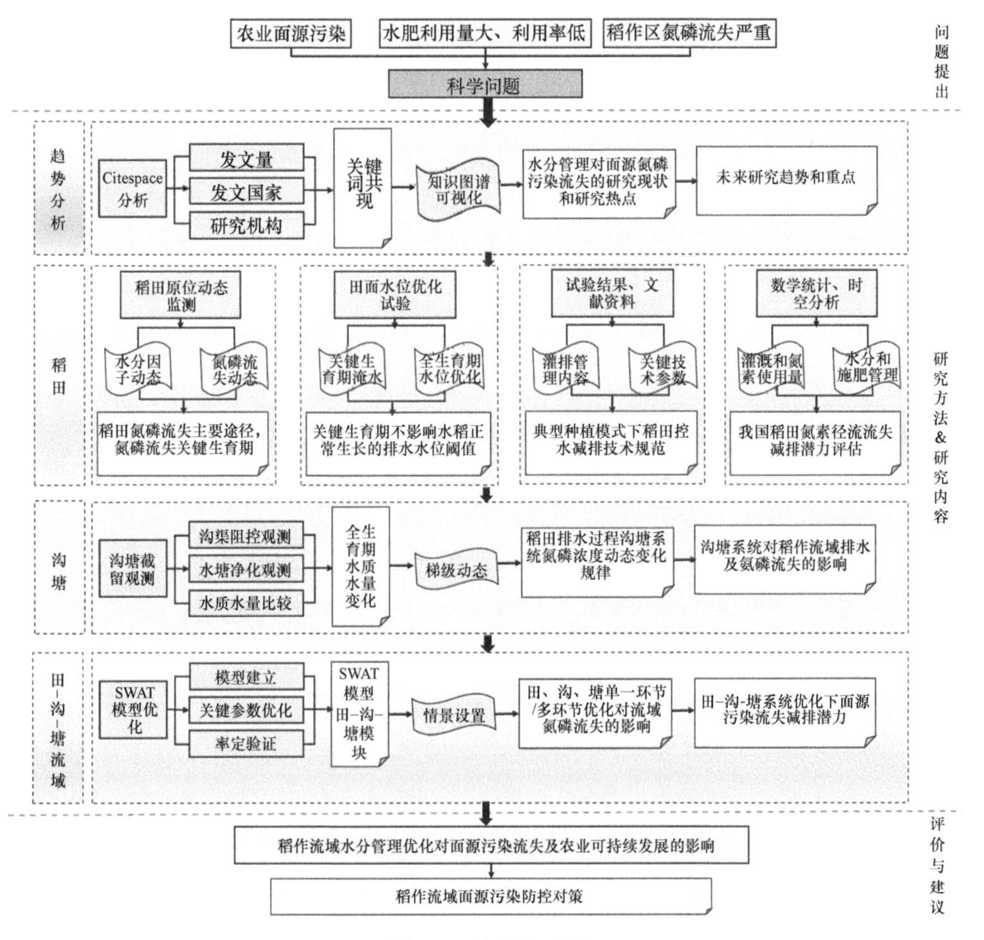

图 1-5　技术路线图

沟–塘系统水质水量监测，明晰沟塘系统对稻田氮磷流失的截留效果和截留机理；结合田间试验获得的排水水位关键参数，利用 SWAT 模型在流域尺度上系统分析田、沟、塘单环节或多环节水分管理优化对流域氮磷流失的阻控效果，并探讨稻作流域水分管理优化对农业可持续发展的意义。研究结果可为我国稻作流域面源污染防控对策制定提供重要的理论和技术支撑。技术路线图见图 1-5。

第 2 章　稻作流域水分管理对面源污染流失影响的研究趋势分析

2.1　引　　言

文献计量学是采用数学和统计学方法定量分析学科发展过程中呈现出的规律，客观有效地反映学科领域中的发展动态和发展趋势（Cui et al.，2019；王伟等，2021）。在众多的文献计量软件中，CiteSpace 可视化分析软件常被用于识别食品安全、医学、环境、农业等多个学科领域的研究现状及变化趋势（Ouyang et al.，2018a；刘连华等，2022）。已有学者利用 CiteSpace 软件对水稻研究进展、国内外农业面源污染研究演进与前沿热点等进行了分析（于飞和施卫明，2014；王麒等，2019）。虽然通过田间试验、室内模拟或综述总结等方式，学者们对稻作流域水分管理对面源污染流失影响进行了研究，仍然缺乏该领域的发展现状和未来研究热点和研究趋势的综合分析。因此，本章采用 CiteSpace 软件对稻作流域水分管理对面源污染流失影响领域近三十年来的发文量和国家、研究机构、高频关键词等，进行可视化分析，探究稻作流域水分管理对面源污染流失影响的发展历程，重点探讨该领域研究方向的发展趋势，旨在掌握稻作流域水分管理对面源污染流失影响的研究趋势，为该领域未来研究方向提供参考。

2.2　材料与方法

2.2.1　数据获取

对稻作流域水分管理对面源污染流失研究领域的相关文献进行检索，在 Web of Science 核心合集数据中，将检索式设置为：TS=((paddy OR rice)AND(irrigation OR drainage OR water manage* OR water sav* OR water consum* OR water use*) AND (diffuse pollut* OR non*point source pollut* OR NPS pollut* OR nutrient*loss OR run*off OR nitrogen loss* OR phosphorus loss* OR TN loss* OR TP loss*))，检索时间段为 1991～2020 年。对所有文献进行了手动审查，删除不相关的论文，最终选取 2842 篇文献作为主要数据来源，分析了近三十年来稻作流域水分管理对面源氮磷污染流失影响相关研究的总体趋势。

2.2.2 分析方法

运用美国德雷塞尔大学陈超美教授开发的 CiteSpace（5.8.R3），分析了 1991～2020 年国内外有关稻作流域水分管理对面源污染流失影响领域的研究进展，包括发文国家、机构及数量、高频关键词等，获取该领域研究热点，并分析未来可能重点发展的方向和趋势。

2.3 结果与讨论

2.3.1 研究国家或地区分析

研究领域的发展速度和趋势以及研究领域的关注度，可以通过年度发文量以及国家或地区发文量分析得知。自 1990 年起，年发文总量呈现逐年增加趋势，并自 2004 年起呈快速增长趋势，自 2013 年起急速增加（图 2-1）。根据年发文数量的变化趋势，将稻作流域水分管理对面源污染流失的影响研究分为三个阶段：2003 年以前为缓速增长期，年均发文量 20 篇，总发文量 268 篇；2004～2012 年为快速增长期，年均发文量 70 篇，总发文量 631 篇；2013～2020 年为急速增长期，年均发文量 176 篇，该阶段该领域的研究得到了国内外学者的高度重视。全球范围内多个国家或者地区广泛开展相关研究，其中，中国、美国、日本、印度和澳大利亚等是推动领域发展的主要国家。FAO 数据显示，截至 2019 年，中国、印度和印度尼西亚三国的水稻种植面积为全球总种植面积的 54.4%。作为水稻种植面积及产量排名前三的国家，我国水稻生长期与降雨期同步且水稻种植过程中大量肥料和灌溉水投入导致周边水体面源污染严重。在此背景下，为保证粮食安全和水环境安全，我国学者们对稻作流域水分管理对面源污染流失影响方向开展了一系列的相关研究，发文量和被引频次均较高。

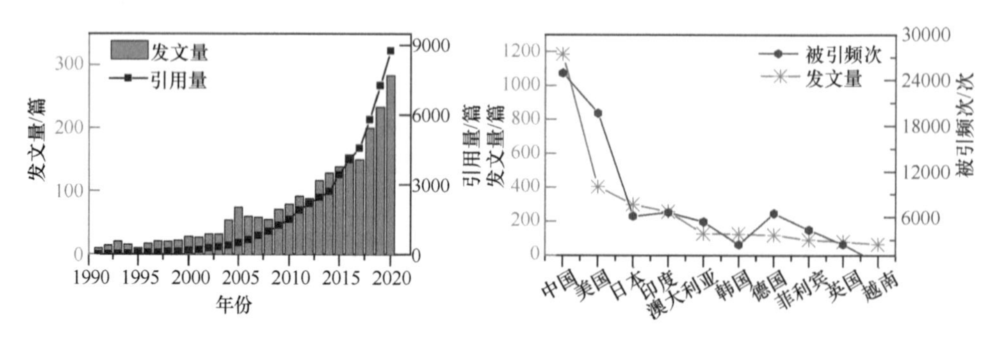

图 2-1 全球发文量变化以及主要国家发文量和被引频次

2.3.2　研究机构分析

利用 CiteSpace 中的“Institution”分析功能对发文研究机构进行分析，研究机构出现的频次可以用圆形节点大小表示，机构出现频率越高则节点越大，机构间的合作强度用节点间线条的多少和粗细表示（图 2-2）。近三十年来，发表文献数量最多的机构是中国科学院，共计发表 883 篇，其次为国际农业研究协商小组 142 篇、河海大学 138 篇、中国农业科学院 113 篇、浙江大学 116 篇、印度农业研究理事会 102 篇等。73.5%的发文量来源于文献数量前十位机构，并且大约一半以上的研究来源于中国机构，说明中国在该领域具有一定的影响力。国内著名高校和研究院所，如中国科学院、河海大学、浙江大学、中国农业科学院、中国农业大学、南京农业大学、北京师范大学、武汉大学、华中农业大学与国内外机构合作较多。其中，中国科学院与国内外研究机构保持较多的合作，频次较高，在该领域研究开展了较多的科技合作，为稻作流域农业面源污染防控提供有力科技支撑。

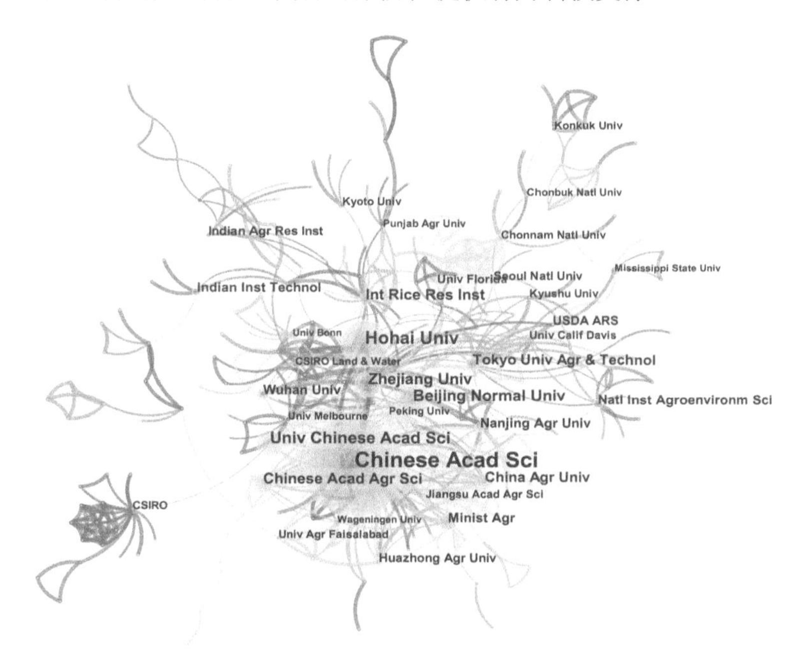

图 2-2　国内外研究机构合作知识图谱

2.3.3　关键词分析

关键词被视为一篇文章的核心内容，关键词共现网络分析可用于检测研究热点和监测某一知识领域的研究前沿变化（Xiang et al.，2017）。基于 CiteSpace 软件中“Reference”分析功能，进行了1991～2020年间稻田水管理领域关键词的共现网络分析（图2-3）。除了我们在文献检索中使用的关键词（例如，water、management、nitrogen、phosphorus、paddy field、rice、irrigation、runoff），最常用的三个关键词是“soil”、“yield”和“water quality”，说明水分管理对土壤性质和水稻产量的影响一直是田间尺度研究的核心内容（He et al.，2019；Sandhu et al.，2017）。随着对水稻可持续生产和水环境的日益关注，水分管理对面源污染流失的影响已成为近几十年来的研究热点（Liu et al.，2021b；Zhuang et al.，2019）。稻作流域生态系统营养元素的动态变化、水分生产力和水分利用效率是水分管理研究的关注重点。近年来，对水分管理效果的评价已从田间尺度扩展到流域尺度。有研究表明，土地利用变化（例如，由于气候变暖导致高纬度地区稻田面积扩大）会显著影响农业流域的水资源和面源污染流失（Gao et al.，2017）。此外，流域尺度上稻田面源污染流失对邻近水体的污染风险也逐渐成为研究的热点（Liu et al.，2021a；Jeong et al.，2016）。

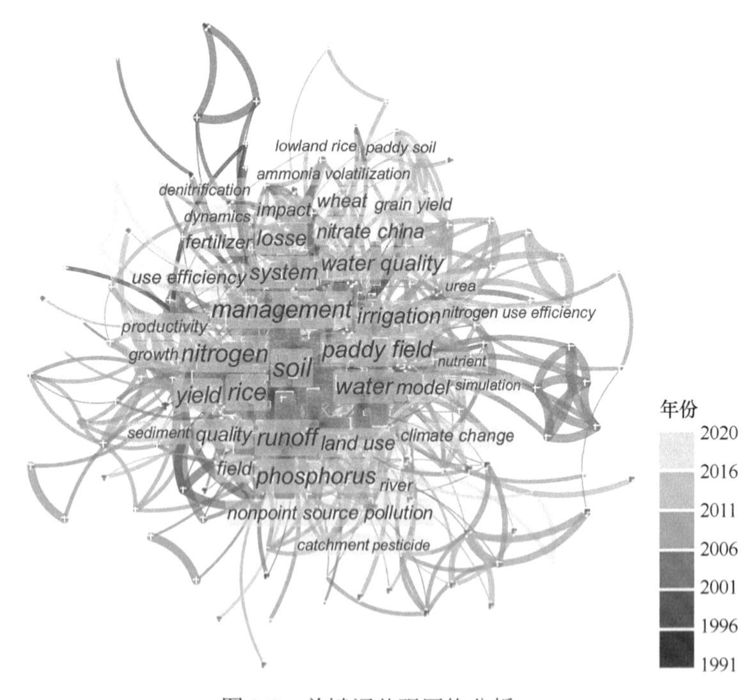

图2-3 关键词共现网络分析

为了全面了解该研究领域的趋势变化，对摘要中检索到的不同关键词进行了聚类分析（图2-4）。目前关于水分管理的研究热点主要集中在稻田氨挥发方面。用于稻田生态系统的氮肥约有10%～50%以氨气的形式挥发到大气中（Lian et al.，2021）。排放的氨气是一种主要的大气污染物，它可以与酸性气体反应形成二次无机气溶胶，也可以通过大气干湿沉积返回地表水和土壤中，从而导致土壤和水体的酸化和污染（Behera et al.，2013；Hellsten et al.，2008）。为更好地研究氮磷营养元素的迁移转化以及水分平衡，DNDC 和 SWAT 等田间和流域模型被广泛应用于不同时空尺度上面源污染流失的模拟（Arnold et al.，1998；Lu and Cheng，2009）。模型设置中考虑了气象数据、土地利用数据、土壤性质和农业管理（例如，耕作、施肥、灌溉和排水制度），可以保证模拟的准确性。不同降雨和温度条件下稻田地表径流和氮磷元素动态也一直是研究的焦点（Liu et al.，2021b；Minamikawa et al.，2016；Ouyang et al.，2017b）。此外，生物炭是一种环境友好的土壤改良剂，对提高土壤性质具有明显的效果，可以增加土壤含水量，并与土壤碳有机结合增加土壤对氮磷元素的吸附，减少氮磷元素渗漏、径流和气态损失（Chen et al.，2021）。总的来说，模型模拟和稻田土壤改良剂的施用为深入了解稻田水分平衡及其与氮磷营养元素迁移转化的作用机制提供更好的方法和途径。

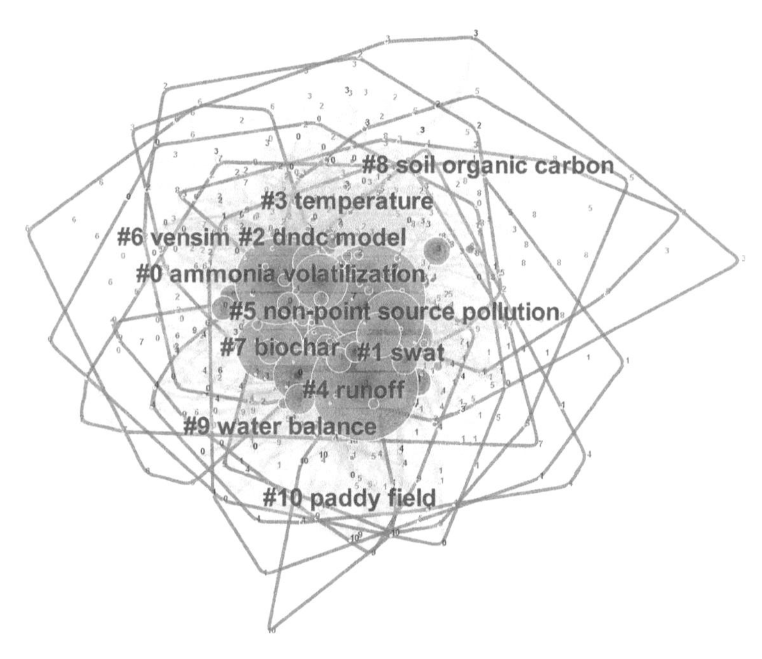

图 2-4　关键词聚类分析

2.3.4　不同优化措施效果

根据关键词共现网络分析，稻田水分管理从农田尺度逐渐转化到流域尺度，其对流域河流生态系统的影响已引起广泛关注（表 2-1）。在以水稻种植为主的稻作流域，稻田通常与天然或人工沟渠或水塘相连（Liu et al.，2021b；Baba and Tanaka，2016；Usio et al.，2017）。沟渠和水塘不仅作为连接稻田排水的临时库，还可以通过循环灌溉作为稻田灌溉水源（Hama et al.，2011；Li et al.，2020a）。沟渠和水塘中截留的雨水/排水储存在沟塘中，氮磷元素也可以通过循环灌溉被水稻植株重新利用，从而提高水肥利用效率。沟渠和水塘的水分和氮磷元素的截留率取决于多种因素，如水文连通性、水力停留时间、蓄水能力和地表径流量等（Sun et al.，2021；Yan et al.，1998；Zhang et al.，2019a）。此外，沟塘中的植物和沉积物可使得氮磷元素发生复杂的物理、化学和生物过程。通常，沟塘被认为是氮和磷污染的汇，但它们偶尔可能会饱和并转化为污染源，尤其是在冬季或暴雨发生时（Shen et al.，2021）。在不同气候和地理区域，沟塘在减少氮磷污染方面的有效性差异很大。因此，需要考虑温度等限制因子对沟塘应用的影响。考虑到污染物截留能力，推荐使用天然植物和部分混凝土进行沟塘设计。此外，沟塘不均匀分布是农业流域水质功能的另一个主要限制因素（Jia et al.，2019），改善水力条件将加强沟塘的生态服务功能。

为了研究田间尺度、田沟塘尺度、流域尺度下，不同水分管理措施对面源污染流失的影响，统计了有关水分管理的 meta 综述文献，以及田间监测和流域模拟文献。结果表明，在田间尺度，水分管理优化可以使灌溉用水和面源污染分别减少 38.7%～40.0%和 25.5%～38.8%，而产量没有显著变化（–4.2%～6.5%）（Zhuang et al.，2019；Wang et al.，2020；He et al.，2020；Liao et al.，2021）。在沟塘尺度，大约 6.0%～39.0%的来自稻田氮磷污染可以被截留（Shen et al.，2021；Li et al.，2020a；Jia et al.，2019）。在田–沟–塘系统的流域尺度，水分管理优化可以减少 40.7%～80.8%的面源污染流失（Xiong et al.，2015；Xue et al.，2020；Liu et al.，2021b）。

表 2-1　不同水分管理优化对水稻产量、灌溉水利用量及面源污染流失的影响（单位：%）

	产量	灌溉量	污染削减率	管理措施	分析方法	参考文献
田间尺度	6.5	–38.7	38.8	优化灌溉	meta 分析	Zhuang et al.，2019
	–1.5	NA	25.5	优化排水	meta 分析	Wang et al.，2020
	–3.0	–40.0	NA	优化灌溉	meta 分析	He et al.，2020
	–4.2	NA	NA	优化灌溉	meta 分析	Liao et al.，2021
沟塘尺度	NA	NA	38.7	单一沟或塘	meta 分析	Shen et al.，2021
	NA	NA	28.0～39.0	灌排沟塘系统	模型模拟	Li et al.，2020a
	NA	NA	6.0～15.0	田间沟渠	数据评估	Jia et al.，2019
	NA	NA	14.0～29.0	田间水塘		
流域尺度	–4.1	–51.29	70.4～80.8	田–沟–塘系统（PEDWS）	田间监测	Xiong et al.，2015
	2.2～5.8	NA	40.7～43.7	源头减排（有机控释施肥）、过程阻控（生态沟渠和水塘）	田间监测	Xue et al.，2020
	0.8	NA	48.9	源头减排（控制排水）–植草沟渠–水塘	模型模拟	Liu et al.，2021b

注：NA 代表没有数据。

2.3.5 未来发展趋势

虽然国内外学者在水稻田间尺度及流域尺度对水分管理进行了大量研究，但仍然迫切需要对以下几个方面进行更深入的研究。第一，田间尺度，为了高效防控稻田面源污染流失，需要确定稻田径流流失的关键风险期，精准防控稻田氮磷流失高风险期，最大化降低稻田排水及氮磷污染流失。由于我国水稻种植面积大，种植分布范围广，气候条件及农业耕作管理制度差异大，因此有必要形成针对不同稻区种植特点的灌排管理制度。第二，稻田灌排单元尺度，沟塘的水质净化效应和氮磷污染负荷削减效应已逐渐被农民接受（Li et al.，2020b）。考虑到沟塘潜在的汇或源效应，需要研究确定稻田生态系统最佳沟塘比和合理的沟塘蓄水容量。第三，流域尺度，稻作流域复杂的水文连通性及其对氮磷元素迁移转化的影响仍需进一步深入研究，识别不同河网连通性对流域水文水质变化的作用机制，明确面源污染近零排放的河网空间布局和氮磷截留容量等约束条件，为稻作流域面源污染防控提供有效的水分管理策略（Sun et al.，2021）。第四，在全国范围内，需要对不同尺度（田间尺度、田沟塘灌排单元、流域尺度）水分管理优化的社会、环境和经济效益进行综合评估，以寻求适用于中国和其他水稻种植国家的环境友好型稻作流域水分管理措施。

2.4 小　结

本章对稻作流域水分管理对面源污染流失影响研究现状进行梳理和总结，分析了近三十年来的发文量、发文国家和研究机构以及关键词共现的知识图谱，揭示了稻作流域水分管理的研究发展历程并掌握其现阶段发展热点和未来发展趋势。本章主要结论如下：

（1）近三十年来，关于稻作流域水分管理对面源污染流失影响研究的发文数据呈快速增长态势，该领域的研究已成为前沿热点。中国、美国、日本、印度、澳大利亚、韩国等国家是推动该领域发展的主要国家，我国发文量和引用量位居前列，说明我国对稻作流域水分管理对面源污染流失影响的研究非常重视。

（2）通过关键词共现网络分析发现，稻田生态系统的氮磷动态、水分生产力和水分利用效率是稻作流域水分管理研究的关注重点，而且从仅关注田间尺度氮磷流失特征的研究，逐渐转向关注流域尺度上稻田面源污染流失对邻近水体的污染风险研究。

（3）通过对已有 meta 综述文献及田间监测和流域模拟研究进行分析发现，在不显著影响水稻产量安全的情况下（水稻产量–4.2%～6.5%），优化田间水分管理可减少 38.7%～40.0%的灌溉用水和 25.5%～38.8%的稻田面源污染流失；沟塘系统可以截留 6.0%～39.0%的稻田面源污染流失；流域尺度上，田–沟–塘系统水分管理优化，可以减少约 40.7%～80.8%的稻田面源氮磷流失。

（4）未来该领域的研究可能主要集中于针对稻田氮磷流失关键风险期的灌排水分优化管理研究、稻作流域沟塘布局和水文连通性对面源污染流失的影响研究，以及全国范围内稻作流域水分管理优化的社会经济和生态环境的综合评估，以寻求环境友好的水分管理优化措施等方面。

第3章　典型种植模式下稻田面源污染流失特征及关键生育期识别

3.1 引　　言

稻田氮磷流失主要有地表径流和地下渗漏流失两种途径（Jung et al.，2012；Ouyang et al.，2015）。针对这两种氮磷流失途径，目前研究多集中于径流流失，且大量研究证明氮磷径流流失对稻作流域水环境造成了严重影响（Zhuang et al.，2019；Kim et al.，2006；Fu et al.，2019）。目前关于稻田氮磷流失主要途径的研究结果，不同学者不同研究区的结果不统一。有研究表明，径流流失是太湖地区稻田氮磷流失的主要途径（Zhou et al.，2019）；而其他研究表明渗漏流失是江汉平原地区的主要途径（Fu et al.，2019）。对水稻全生育期氮磷流失进行原位动态监测，明确稻田面源污染流失的主要途径及关键生育期，这是有针对性地减少稻田氮磷面源污染的前提（耿芳等，2023）。

稻田水文因素（灌溉、降雨、土壤含水量和田面水等）是影响稻田氮磷流失的重要因素，为氮磷元素的迁移转化提供了动力（张志剑等，2007）。不同于旱田，稻田几乎在整个生长季都需要保持一定高度的水层供水稻生长。上述水文因素的变化通过影响田面水位的变化来影响稻田面源污染流失（Hitomi et al.，2010）。大部分已有研究很少对田面水位动态变化进行高频率的原位动态监测，对田面水质的取样集中于施肥后一周内，对土壤水的取样集中于移栽后，取样频率低（Darzi-Naftchali et al.，2017；Fu et al.，2019；Zhao et al.，2012）。以上条件限制了水文因素动态变化对稻田氮磷流失影响的系统研究。而且，已有研究多集中于降雨和灌溉对稻田氮磷流失的影响，对田面水位动态变化与氮磷流失相关关系的系统研究还较为薄弱。

因此，本章针对我国典型水稻种植模式下稻田面源污染流失特征进行系统性研究，旨在：①分析水文因子、田面水及土壤水中氮磷浓度动态变化特征；②探讨水文因子对稻田氮磷流失的影响，并识别田面水位与氮磷流失的相关关系；③揭示稻田氮磷流失的主要途径及关键生育期。本章研究结果为后续开展稻田水分管理优化研究提供理论支撑。

3.2 材料与方法

3.2.1 典型种植模式下稻田需水量及潜在径流量估算

我国北方稻区水稻种植模式主要为单季稻，南方稻区主要为中稻和双季稻两种模式。结合我国水稻主产区及水稻种植模式分布等条件，选择典型单季稻（黑龙江八五九农场）、中稻（湖北安陆、湖北荆州、安徽巢湖）和双季稻（江西高安），进行不同种植模式下稻田作物需水量、灌溉需水量和潜在径流量分析。水稻作物需水量 ET_c 采用单作物系数法计算（Allen et al.，1988）：

$$ET_c = K_c \cdot ET_0 \tag{3-1}$$

$$ET_0 = \frac{0.408\Delta\ (R_n - G) + \gamma[900/(T+273)]u_2(e_s - e_a)}{\Delta + \gamma(1+0.34u_2)} \tag{3-2}$$

式中，根据当地实际情况和在地方农科院调研获得作物系数 K_c；利用式（3-2）计算参考作物需水量 ET_0，mm；u_2 为 2 m 高处的风速，m/s；γ 为湿度计算常数，kPa/°C；G 为土壤热通量，MJ/（m^2 • d）；T 为平均气温，°C；R_n 为净辐射，MJ/（m^2 • d）；Δ 为温度与饱和水气压曲线上的斜率数值，kPa/°C；e_s 和 e_a 为饱和水气压和实际水气压，kPa。

水稻灌溉需水量和潜在径流量采用稻田水量平衡公式计算。稻田尺度多水分因子由水分输入和水分输出两大部分组成。灌溉和降雨为水分输入。作物需水量、土壤渗漏、径流、土壤水储量变化及田面水变化为水分输出。本研究不考虑测渗流失和地下水补给。稻田水分因子间的动态平衡见式（3-3）。

$$P + I = ET_c + R + L + (\Delta S + \Delta H) \tag{3-3}$$

式中，P 是降雨量，mm；I 是灌溉量，mm；ET_c 是作物需水量，mm；R 是地表径流量，mm；L 是渗漏量，mm；ΔS 是土壤水储量变化量，mm；ΔH 是田面水变化量，mm。降雨量由中国气象局或当地气象站提供。

准确测量水稻生育期内的渗漏水量比较困难。在连续淹水条件下，水在土壤剖面中的渗透速率可以假定为恒定速率（Zhao et al.，2012）。根据文献和省农科院调研，本研究中假设淹水条件下土壤的平均渗漏速率为 5.0 mm/d（Cao et al.，2013；Zhang et al.，2017），假设水稻整个生育期（除晒田期和收获期）均维持 20 mm 水层高度，且土壤一直处于饱和状态，在计算水稻灌溉需水量和潜在径流流失量时，不考虑土壤水储量变化量和田面水变化量。在实际水稻生产过程中，若不同生育期的田间水位不同，可以采用田间水量平衡模型来推求水稻灌溉需水量和潜在径流量（罗万琦等，2021）。

3.2.2　典型种植模式下稻田水文及氮磷流失原位监测

3.2.2.1　中稻田间水文及氮磷流失原位监测

我国南方稻区的水稻种植面积和产量分别占全国总量的 87.6%和 87%左右，并且随着城市化、工业化和基础设施发展，以及劳动力的不断转移，使得南方双季稻种植区逐渐出现了“双改中”的现象，即双季稻逐渐变化为中稻。因此选择长江流域水稻主产区的中稻种植模式，开展田间水文及氮磷流失原位监测。采用土壤–水稻–大气连续体的监测网络体系开展田间尺度多因子水分动态与氮磷流失动态监测。监测期间（2017～2018 年）的气象数据由安装在示范区内的 ZENO 气象站提供（Coastal，Seattle，WA，USA）（图 3-1）。在 15 cm、30 cm、60 cm 和 90 cm 分别安装土壤湿度传感器，对不同土层深度的稻田土壤含水量进行每 30 min 一次的实时监测。每天早上 8：00 左右，利用直尺人工测量田面水位高度，并采集田面水样。稻田 15 cm、30 cm、60 cm 和 90 cm 深处的土壤水样由安装在各层次的土壤水采样器（Rhizosphere，Netherlands）采集。每次施肥后 5 d 内，对田面水及土壤水进行取样；非施肥期 2 d 取样一次。灌溉和排水时，记录水量并采集水样。

图 3-1　ZENO 气象站及水稻生长情况

水样的总氮（TN）、硝态氮（NO_3^--N）、铵态氮（NH_4^+-N）、总磷（TP）和溶解性磷酸盐（TDP）浓度用流动分析仪进行测定（图 3-2）。将碱性过硫酸钾或硫酸钾加入未过滤水样，消解后用来测定 TN 和 TP。微孔滤膜过滤后的水样，直接上机测定 NO_3^--N、NH_4^+-N 及 TDP 浓度。TP 和 TDP 浓度的差值即为颗粒态磷（PP）浓度，TN 与 NO_3^--N 和 NH_4^+-N 浓度的差值即为有机态氮（ON-N）浓度，NO_3^--N 和 NH_4^+-N 浓度的总和为无机态氮（IN-N）浓度。

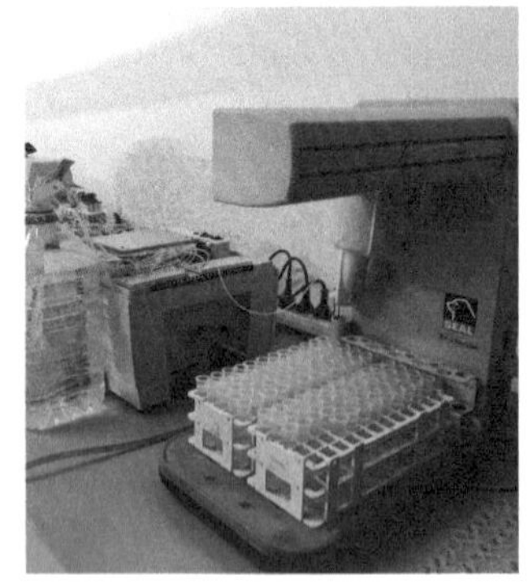 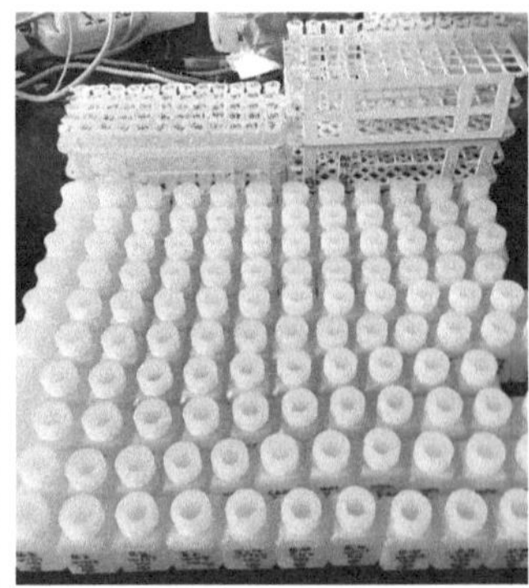 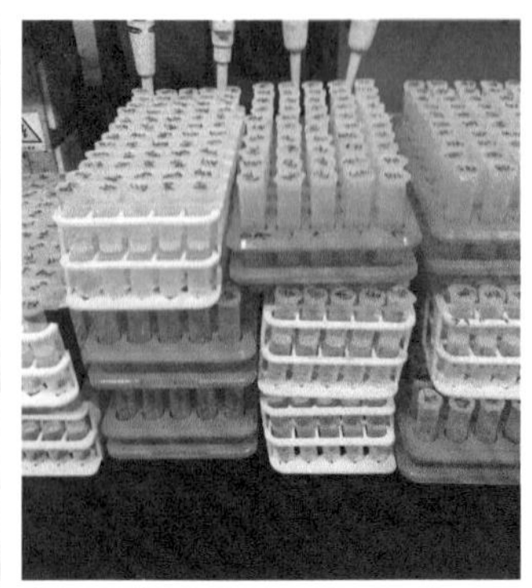

图 3-2　水质测定

3.2.2.2　不同种植模式下稻田氮磷径流流失原位监测

为了确定稻田氮磷径流流失的关键生育期，在安陆、荆州、巢湖和高安站点进行了为期两年的常规水管理下稻田氮磷径流流失原位监测（2017～2018 年）。安陆、荆州、巢湖站点的主要栽培方式是水旱轮作–中稻，水稻生长季节为 5～10 月。高安主要栽培方式为早稻（4～7 月）和晚稻（7～10 月）。四个站点的气候均为亚热带季风气候，平均降水量分别为 1084 mm、1095 mm、1360 mm 和 1623 mm，平均温度分别为 16.2℃、16.5℃、16.8℃和 17.7℃；水稻生长季的降水量分别占这四个站点年降水量的 53%、46%、56%和 70%（早稻 52%，晚稻 18%）。每个试验点的气候和土壤性质的基本信息见表 3-1。

表 3-1　四个试验点气候特征和 0～20cm 表层土壤性质

特征	安陆	荆州	巢湖	高安
纬度	30°20′	30°21′	31°39′	28°15′
经度	113°40′	112°09′	117°40′	115°13′
年均降水量/mm	1084	1095	1360	1623
年均温度/℃	16.2	16.5	16.8	17.7
土壤 pH 值（2.5 水土比）	6.7	7.4	6.21	5.37
有机质含量/（g/kg）	19.57	17.85	21.59	23.9
总氮含量/（g/kg）	1.41	2.04	1.51	1.69
总磷含量/（g/kg）	0.35	0.48	0.46	0.47
有效磷含量/（mg/kg）	12.26	38.5	21.76	11.34
有效钾含量/（mg/kg）	62.11	108.7	144.07	113.2

根据农民管理措施，氮肥分三次施用：移栽前基肥，分蘖和孕穗期追肥。磷肥作为基肥一次性施用。不同试验点施肥管理措施见表 3-2。试验期间，除了晒田期排水和收获前排水外，其他生育期均通过灌溉使田面水位保持在 20～

50 mm 深度；当发生降雨时稻田排水水位约为 50 mm（Xie and Cui，2011；Wu et al.，2019b）。

表 3-2　四个试验站点的施肥信息

试验站点	种植模式	N/（kg/ha）	N frequency	BF：TI：JBT	P_2O_5/（kg/ha）	K_2O/（kg/ha）
安陆	中稻	180	3	40：30：30	75	60
荆州	中稻	180	3	40：30：30	75	105
巢湖	中稻	192	3	40：40：20	48	82.5
高安	双季稻（早稻）	150	3	40：30：30	75	120
	双季稻（晚稻）	180	3	40：30：30	75	120

注：BF：TI：JBT 是基肥、分蘖追肥和拔节孕穗追肥的施氮比例。

对稻田水分因子（包括降水量、灌溉量、地表径流和田面水位）进行原位监测。从当地气象站收集降水数据，人工记录所有灌溉事件的灌溉量，用标尺手动测量田间水位高度。在安陆、巢湖和高安站点，记录径流事件前后稻田水位高度，采用水量平衡法计算各站点的径流量；在巢湖站点，通过径流池收集径流量。每次径流事件收集径流水样，储存在塑料瓶中并立即冷冻在冰箱中，直到进行分析。根据试验站点的水稻生育期划分（表 3-3）计算了不同生育期的氮磷流失量。

表 3-3　四个试验站点的生育期划分

站点		泡田（ST）	返青（RE）	分蘖期（TI）		拔节孕穗（JBT）	抽穗扬花（BL）	灌浆（MI）	成熟（RI）	收获
				Wet	Dry					
安陆	开始（月/日）	5/20	5/25	6/1	7/1	7/10	8/11	8/21	9/2	9/25
	结束	5/24	5/31	6/30	7/9	8/10	8/20	9/1	9/24	
	时间/d	5	7	30	9	32	10	12	24	
荆州	开始（月/日）	5/23	6/5	6/12	7/12	7/22	8/16	8/26	9/5	9/20
	结束	6/4	6/11	7/11	7/21	8/15	8/25	9/4	9/19	
	时间/d	7	7	30	10	25	10	10	15	
巢湖	开始（月/日）	6/2	6/9	6/20	7/24	8/3	8/28	9/7	9/20	10/2
	结束	6/8	6/19	7/23	8/2	8/27	9/6	9/19	10/1	
	时间/d	7	11	34	10	25	10	13	12	
高安–早稻	开始（月/日）	4/20	4/27	5/2	5/15	5/22	6/15	6/30	7/7	7/17
	结束	4/26	5/1	5/14	5/21	6/14	6/29	7/6	7/16	
	时间/d	7	5	13	7	24	15	7	10	
高安–晚稻	开始（月/日）	7/22	7/27	8/3	8/14	8/21	9/15	9/30	10/10	10/18
	结束	7/26	8/2	8/13	8/20	9/14	9/29	10/9	10/17	
	时间/d	5	7	12	7	25	15	10	8	

3.2.3 田间水量平衡计算

稻田水分因子间的动态平衡见 3.2.1 中的式（3-3）。在中稻田间水文及氮磷流失原位监测试验中，水分因子除渗漏量之外的其他参数均可通过实测或计算获得。降雨量由 ZENO 气象站提供，田面水位变化量是由时间段内田面水位高度前后的差值计算得出，每次灌溉、降雨径流和人为排水时记录相应的水量。土壤储水量变化是由时间段内土壤储水量前后的差值计算得出。利用土壤湿度传感器监测的土壤含水量计算土壤储水量（Moroizumi et al.，2009）。15 cm、30 cm、60 cm 和 90 cm 土壤深度的土壤含水量被认为是 0～15 cm、15～30 cm、30～60 cm 和 60～90 cm 土壤深度的含水量。鉴于上层和下层土壤含水量的平均值是该层的土壤含水量，0～30 cm 土壤含水量和 0～90 cm 土壤含水量计算公式见式(3-4)和式(3-5)，0～90 cm 储水量计算公式见式（3-6）。

$$\theta_{0\sim30}=\frac{1}{3}(2.25\theta_{15}+0.75\theta_{30}) \tag{3-4}$$

$$\theta_{0\sim90}=\frac{1}{9}(2.25\theta_{15}+2.25\theta_{30}+3\theta_{60}+1.5\theta_{90}) \tag{3-5}$$

$$S=(2\theta_{15}+2\theta_{30}+4\theta_{30}+\theta_{90})\times100 \tag{3-6}$$

式中，θ_{15} 为 15 cm 土壤含水量，%；θ_{30} 为 30 cm 土壤含水量，%；θ_{60} 为 60 cm 土壤含水量，%；θ_{90} 为 90 cm 土壤含水量，%；S 为 0～90 cm 土层内储水量，mm；$\theta_{0\sim30}$ 为 0～30 cm 土壤含水量，%；$\theta_{0\sim90}$ 为 0～90 cm 土壤含水量，%。

3.2.4 稻田氮磷流失量的计算

径流水或渗漏水中氮磷浓度乘以流失水量即为氮磷流失量。在中稻田间水文及氮磷流失原位监测试验中，计算渗漏流失量时使用 90 cm 层处的土壤水氮磷浓度。稻田氮磷流失总量为稻田径流和渗漏流失量之和，相关计算公式如下：

$$Q=\sum Q_i=\sum C_i\cdot V_i/100 \tag{3-7}$$

式中，i 为地表径流或地下渗漏事件数（$i=1\sim n$）；Q_i 为第 i 次氮磷径流或渗漏流失量，kg/ha；C_i 为水样中氮磷浓度，mg/L；V_i 为地表径流或渗漏水量，mm；Q 为径流/渗漏流失总量，kg/ha。

3.3 结　　果

3.3.1 典型种植模式下稻田需水量及潜在径流量特征

不同种植模式下水稻的作物需水量不同，表现为中稻（553 mm）＞双季早稻（470 mm）＞单季稻（456 mm）＞双季晚稻（285 mm），并且枯水年的作物需水量高于丰、平水年。对不同生育期的作物需水量进行分析可知，不同种植模式下的水稻日均作物需水量变化趋势不同。除双季晚稻外，作物生长日需水量表现为先增大后减小的趋势（图 3-3）。其中，单季稻和中稻模式下，日均作物需水量在抽穗扬花期达到最大值，平均值分别为 4.5 mm 和 5.0 mm；双季早稻的日均作物需水量在乳熟期达到最大值（6.0 mm），双季晚稻在返青期的日均作物需水量最高（4.6 mm）。分蘖期是水稻作物需水最多的时期，双季早稻、中稻、单季稻和双季晚稻该时期的作物需水量分别为 235 mm、171 mm、131 mm 和 96 mm。

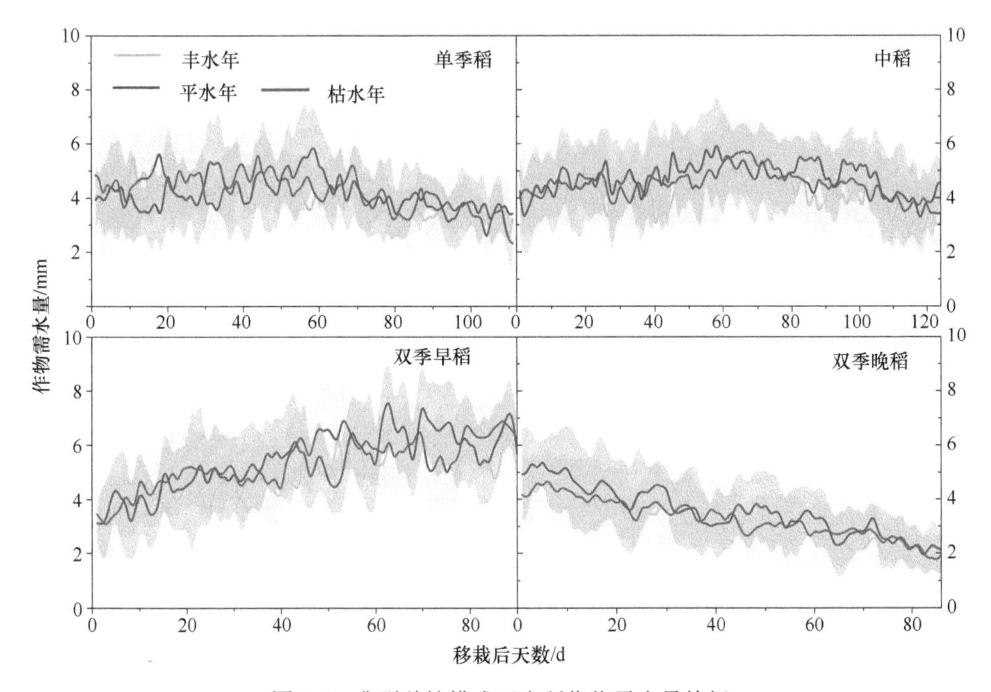

图 3-3　典型种植模式下水稻作物需水量特征

由于气候条件差异，不同种植模式水稻灌溉需水量表现为单季稻（824 mm）＞中稻（738 mm）＞双季晚稻（552 mm）＞双季早稻（261 mm），枯水年灌溉需水量高于丰、平水年（图 3-4）。在实际水稻生产中，农民投入的灌溉量一般会远远高于理论灌溉需水量。总体上来说，水稻日均灌溉需水量表现为单季稻＞双季晚稻＞中稻＞双季早稻，其中单季稻在抽穗扬花期日均灌溉需水量最大。不同生育期的灌溉需水量不同，分蘖期具有较高的灌溉需水量，其次为扬花期。

降雨是不同种植模式下水稻灌溉需水量产生差异的主要因素，因此，对不同生育期降雨发生频率、潜在径流发生频率和潜在径流量进行分析（图 3-5）。降雨占比指标分别为生育期降雨总量占全年降雨的比例（TR）、大雨占全年大雨的比

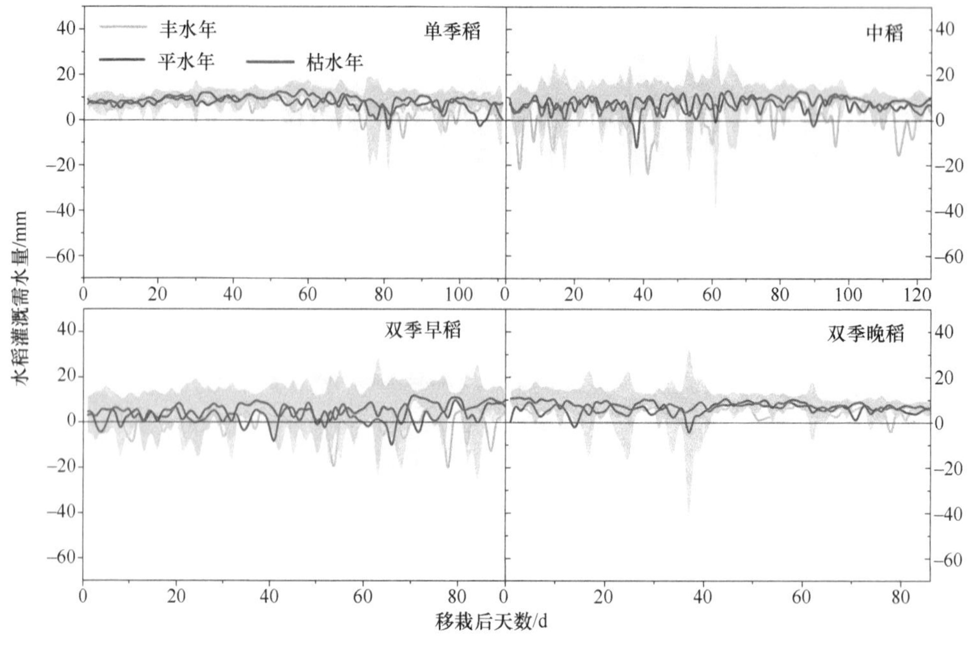

图 3-4 典型种植模式下水稻灌溉需水量特征

例（降雨量＞25mm，HR）及暴雨占全年暴雨的比例（降雨量＞极端降雨量，ER，安陆的极端降雨量为 45.27mm、高安的极端降雨量为 42.11mm）。潜在径流量是指降雨量与灌溉需水量之差，并不是实际径流量。中稻和双季早稻种植模式下的降雨主要集中在分蘖期，且暴雨发生的比例可高达 33.6%。单季稻模式下的降雨主要发生在水稻生育后期。同样地，单季稻的潜在径流发生频率集中于乳熟期和成熟期；其他三种模式下的潜在径流发生频率集中于分蘖期。中稻模式下的潜在径流量最高（432 mm），其次为双季早稻（410 mm）、单季稻（150 mm）和双季晚稻（139 mm）。中稻和双季早稻分蘖期的潜在径流量可高达 178 mm 和 235 mm。

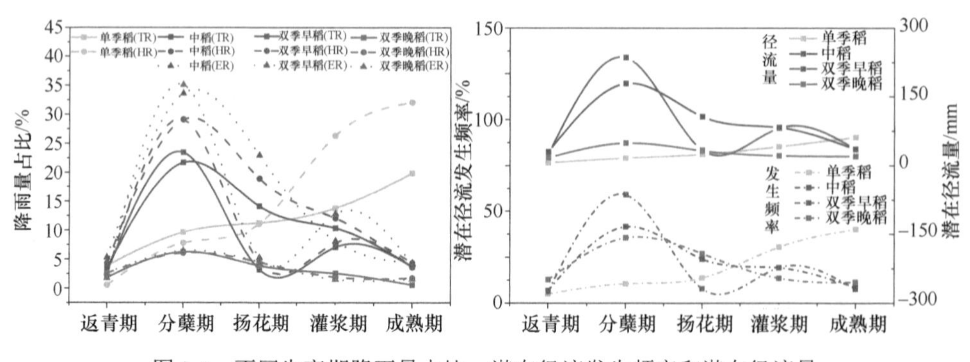

图 3-5 不同生育期降雨量占比、潜在径流发生频率和潜在径流量

3.3.2 中稻田间水文及氮磷流失动态变化特征

3.3.2.1 田面水及土壤水动态变化特征

2017 年和 2018 年，水稻生长季的总降雨量分别为 510 mm 和 246 mm，分别代表平水年和枯水年（试验点的多年平均降雨量为 585 mm）。灌溉是稻田的主要水分输入，平水年和枯水年的灌溉量分别为 780 mm 和 1050 mm，分别占稻田水分输入的 60.5 %和 81.0 %。进入稻田的降雨和灌溉水分可由田面水位高度的动态变化来体现。当发生灌溉或降雨事件，田面水位高度迅速增加。除分蘖后期晒田和收获前晒田外，田面水位高度平均值为 4.6 cm，特别是在水稻生长需水较多的抽穗扬花期，田面水位高度的平均值为 6.8 cm。

随土壤深度的增加，土壤含水量增加，且表层 15 cm 和 30 cm 以及深层 90 cm 土层的土壤含水量波动较大（图 3-6）。从土壤含水量的时间变化来看，整个生长季的土壤含水量在 28%～52 %之间波动，且不同土层土壤含水量随时间的动态变化特征具有相似性。在晒田时（2017 年 7 月 1 日～9 日，2018 年 7 月 6 日～20 日），表层 15 cm 和 30 cm 土层的土壤含水量均表现为下降趋势，而深层 90 cm 土层的土壤含水量表现为增加的趋势。这是因为晒田期，田面无水，0～15 cm 表层土壤含水量

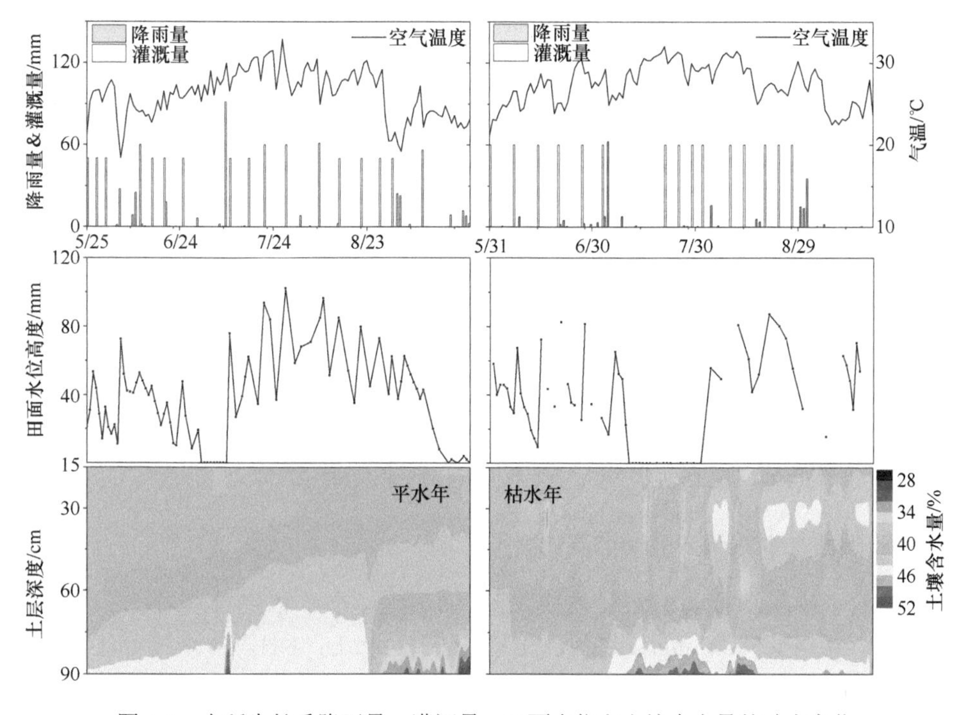

图 3-6　水稻生长季降雨量、灌溉量、田面水位和土壤含水量的动态变化

在蒸散发的作用下迅速降低，30 cm 土壤含水量在水稻根系吸水的作用下也呈现降低的趋势；在表层土壤缺水的状态下，由地下水补给引起 90 cm 土壤含水量增加。

为了进一步了解水稻生长季土壤含水量的动态变化特征，对 0～90 cm 土体的土壤储水量以及 0～30 cm 和 0～90 cm 土体的土壤含水量进行了分析（图 3-7）。结果表明，由于水稻生长季稻田几乎处于常淹状态，0～90 cm 土体的土壤储水量整体上处于较高水平，且平水年的土壤储水量高于枯水年。插秧后，土壤储水量在抽穗扬花期达到最大值；在分蘖后期晒田时，稻田处于无水状态，土壤储水量稍有下降；在黄熟期收获排水后，土壤储水量降到最低值（平水年为 355 mm、枯水年为 314 mm）。土壤含水量与储水量的动态变化趋势相似，两者之间呈现较好的相关性（$p < 0.05$）。在 0～90 cm 土体中，平水年和枯水年的土壤含水量均值差异不显著（均为 0.41 %），但枯水年的土壤含水量波动性大于平水年（2017 年和 2018 年变异系数分别为 2.01 %和 2.89 %）；在 0～30 cm 土体中，丰水年的土壤含水量高于枯水年（平水年为 0.40%、枯水年为 0.36%），但枯水年的土壤含水量波动性大于平水年（平水年和枯水年变异系数分别为 2.13%和 4.30%）。总之，降雨量和稻田水分管理是影响稻田土壤水含量及土壤储水量波动的主要原因。

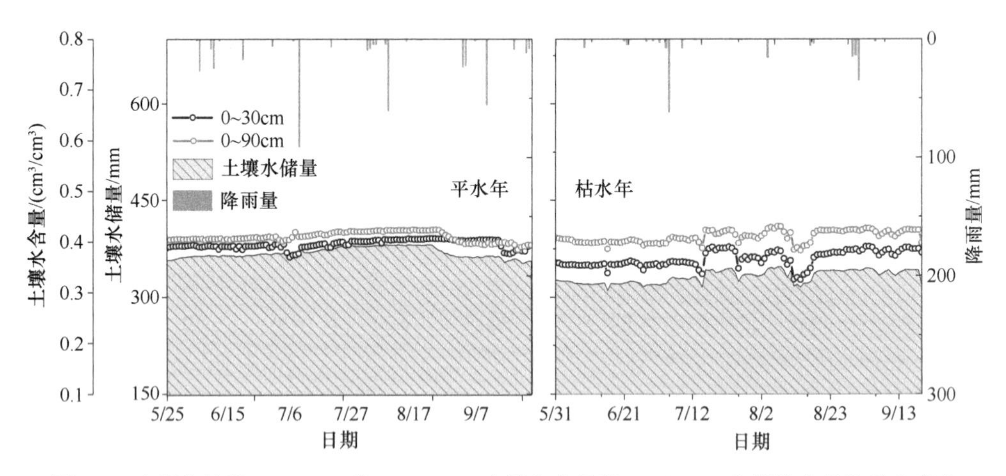

图 3-7　水稻生长季 0～30 cm 和 0～90 cm 土壤含水量和 0～90 cm 土壤储水量的动态变化

3.3.2.2　田面水及土壤水中氮磷浓度动态变化特征

1）田面水中氮磷浓度动态变化特征

田面水中氮浓度动态变化规律如图 3-8 所示。在水稻生长季，田面水中 TN 浓度介于 0.14～54.00 mg/L 之间，平均为 9.92 mg/L；NH_4^+-N 浓度介于 0.05～45.84 mg/L 之间，平均为 6.81 mg/L；NO_3^--N 浓度介于 0.001～0.929 mg/L 之间，平均为 0.098 mg/L。田面水中 TN、NH_4^+-N 和 NO_3^--N 浓度的动态变化趋势相似。

相比 TN 和 NH_4^+-N 浓度的变化，NO_3^--N 浓度的变化较为平稳，浓度也较低。田面水中氮素浓度主要受氮肥施用的影响。田面水中氮浓度在施肥后第 1 d 达到峰值，随后迅速降低，并在一周后趋于稳定。施肥后第 7 d，田面水中 TN、NH_4^+-N 和 NO_3^--N 浓度分别比第 1 d 降低 87.55%、89.10%和 80.88%。基肥施用后，田面水中氮浓度的最大值高于其他两次追肥，这是因为基肥施氮量占全生育期施氮总量的 40%，高于两次追肥的施氮量。从氮素的存在形态来看，整个生育期内，田面水中 ON-N 和 IN-N 浓度分别占 TN 浓度的 49.34%和 50.66%。其中，IN-N 主要以 NH_4^+-N 的形式存在，占 TN 浓度的 47.34%。施肥后一个星期内 NH_4^+-N 是氮素的主要存在形态，之后田面水中氮素主要以 ON-N 的形态存在。

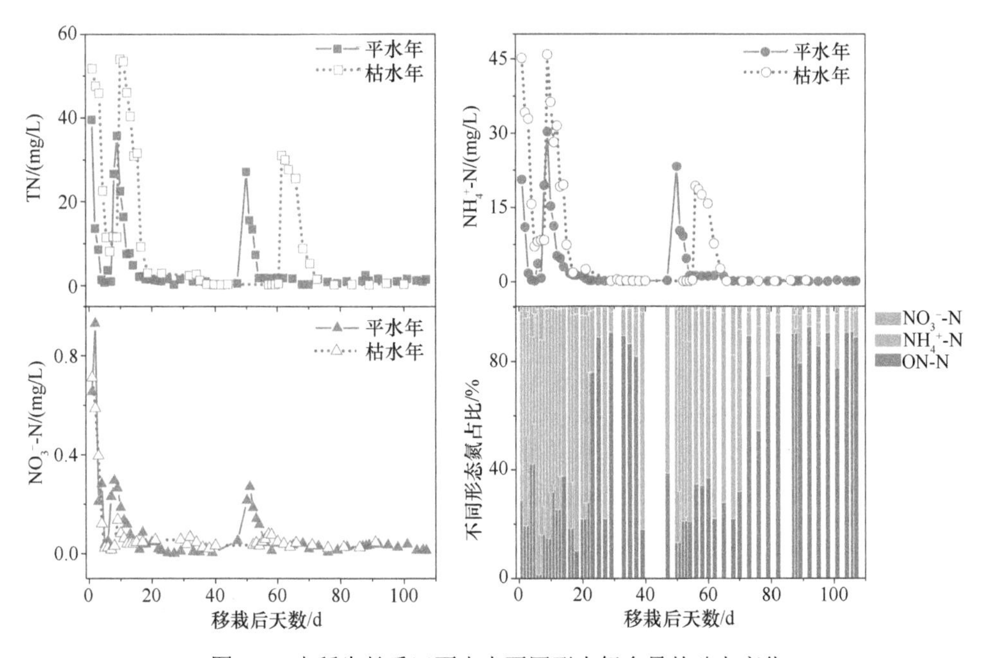

图 3-8　水稻生长季田面水中不同形态氮含量的动态变化

田面水中磷浓度动态变化规律如图 3-9 所示。在水稻生长季，田面水中 TP 浓度介于 0.015～1.82 mg/L，平均为 0.21 mg/L；PP 浓度介于 0.005～1.50 mg/L 之间，平均为 0.14 mg/L；TDP 浓度介于 0.013～1.65 mg/L 之间，平均为 0.074 mg/L。与氮浓度动态变化趋势相似，TP、PP 和 TDP 浓度也表现为施肥后第 1 d 达到峰值，随后迅速降低，并在一周后趋于稳定。施肥后第 7 d，田面水 TP、PP 和 TDP 浓度分别比第 1 d 降低 96.36%、93.20%和 97.89%。磷肥全部作为基肥施入，因此整个生育期内只有施基肥后，田面水中磷浓度显著增加，在生育后期磷浓度均处于较低水平。从磷素的存在形态来看，整个生育期内，田面水中 PP 和 TDP 浓度分别占 TP 浓度的 58.88%和 41.11%，表明 PP 是田面水中磷的主要形态。

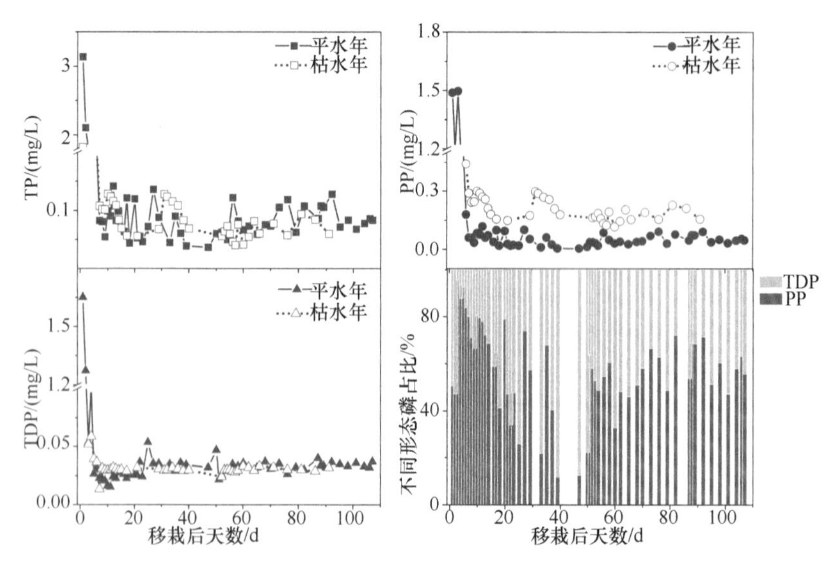

图 3-9　水稻生长季田面水中不同形态磷含量的动态变化

为更好的诠释施肥后田面水中氮磷浓度动态变化特征，对基肥、分蘖肥和穗肥三次施肥后一周内田面水氮磷浓度（y）和时间（t）用一级反应方程（$y = C_0 \times e^{-kt}$）进行拟合分析（图 3-10）。结果表明，施肥后一周，TN、NH_4^+-N 和 NO_3^--N 浓度及 TP、PP 和 TDP 浓度的衰减均符合指数方程，且拟合结果均达到显著水平（$p < 0.05$）。田面水中 TN 和 NH_4^+-N 浓度的衰减趋势比 NO_3^--N 浓度显著，这与氮素肥料在稻田中的分解吸收等变化有关。进入水体后，氮肥主要以 NH_4^+-N 的形式存在，TN 和 NH_4^+-N 浓度在硝化反硝化作用、氨挥发和植物吸收等多种作用下逐渐降低。

2）土壤水中氮磷浓度动态变化特征

土壤水中氮磷浓度在土壤剖面的时空分布规律如图 3-11 所示。与田面水中氮浓度相比，土壤水中氮浓度较低。在水稻生长季，土壤水中 TN 浓度介于 1.04～3.52 mg/L 之间，平均为 1.41 mg/L；NH_4^+-N 浓度介于 0.01～1.74 mg/L 之间，平均为 0.19 mg/L；NO_3^--N 浓度介于 0.004～0.14 mg/L 之间，平均为 0.08 mg/L。从空间分布来看，15 cm 和 90 cm 土壤水中氮浓度较高，30 cm 土壤水氮浓度较低，这是由于水稻根系多分布于 30 cm 土层，该层的氮大部分在根系吸水的作用下被植物吸收。从时间分布来看，施肥后表层 15 cm 处土壤水中 TN 和 NH_4^+-N 浓度迅速上升，随着时间的推移，各土层土壤水中氮含量迅速下降，并在后期保持较低的水平。在整个水稻生长季，土壤水中 NO_3^--N 含量仅在施入基肥后有明显的变化，在 60 cm 处土壤水中 NO_3^--N 含量达到 1.23 mg/L，其他时期均处于较低水平。值得一提的是，在生育后期（8 月份之后），稻田处于晒田或水位较低的厌氧条件，这使得土壤硝化作用增强，从而增加了 15 cm 和 30 cm 土壤水中 NO_3^--N 的含量。

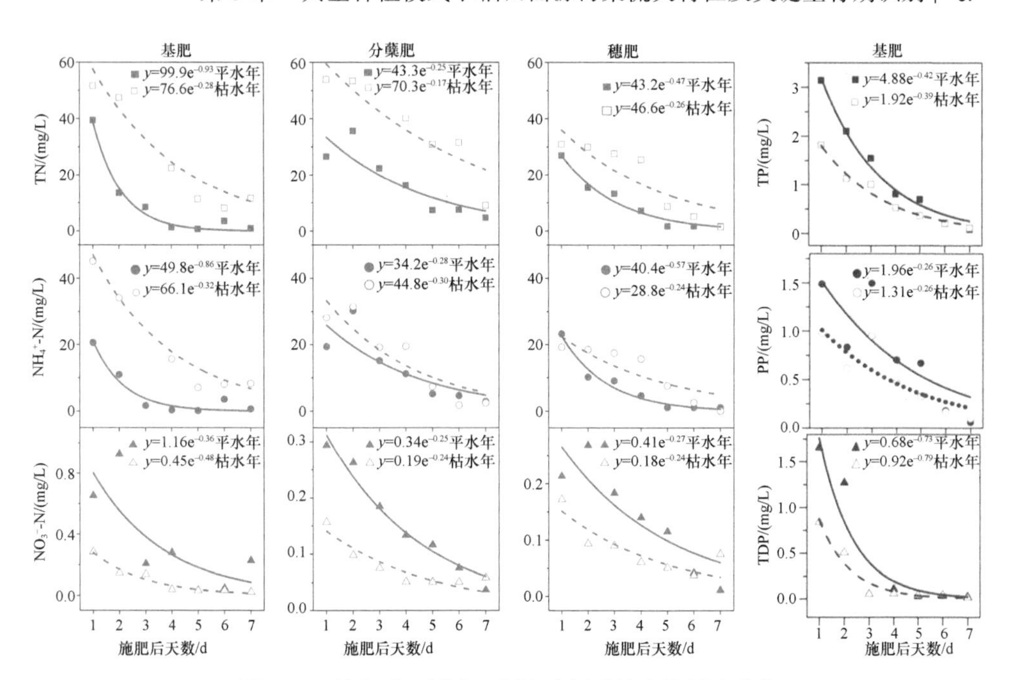

图 3-10　施肥后一周内田面水中氮磷浓度的拟合曲线

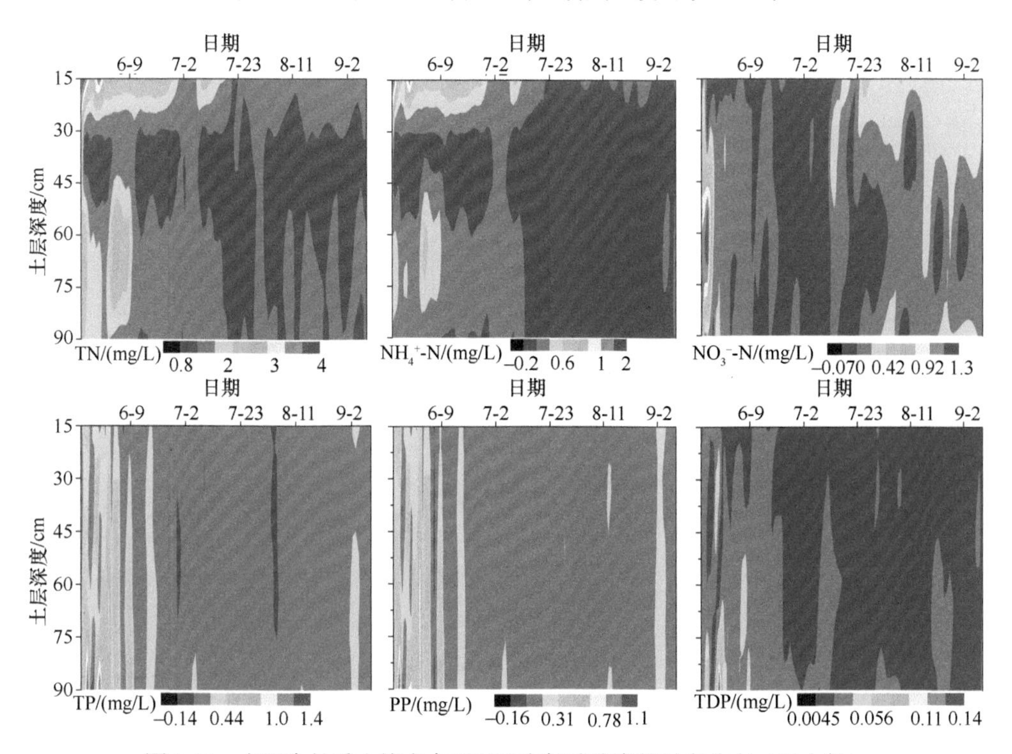

图 3-11　水稻生长季土壤水中不同形态氮磷浓度的时空分布（平水年）

土壤水中磷浓度远低于田面水中的磷浓度。在水稻生长季，土壤水中 TP 浓度介于 0.02～1.39 mg/L 之间，平均为 0.12 mg/L；PP 浓度介于 0.01～1.10 mg/L 之间，平均为 0.18 mg/L；TDP 浓度介于 0.004～0.14 mg/L 之间，平均为 0.022 mg/L。从时间分布来看，施入基肥后，土壤水中 TP、PP 和 TDP 含量均有所提高，90 cm 处土壤水中 TP 含量可高达 1.19 mg/L。在非施肥期，各土层的磷浓度变化不大，且均处于较低水平。整体来看，与土壤水中氮浓度的动态变化相比，磷浓度的动态变化并不剧烈。这可能是因为，磷素更易吸附于土壤胶体上，不易随土壤水移动，因此土壤水中磷浓度的时空动态变化不明显。

3.3.2.3 稻田水量平衡及氮磷流失动态变化特征

1）稻田水量平衡动态变化特征

水稻生长季稻田水量平衡因子的动态变化如图 3-12 所示。从整个生育期来看，稻田水分输入主要是灌溉，约占水分总输入的 74.09%；稻田水分输出主要是蒸散发和渗漏，约占水分总输出的 91.26%，其中渗漏水量占水分总输出的 43.71%。枯水年稻田渗漏量略高于平水年，这是由于枯水年水稻生长季降雨量较少，灌溉量和灌溉次数的增加促进了稻田水分渗漏。径流水量低于渗漏水量，约占水分总输出的 8.74%。平水年径流发生次数为 8 次，其中包含两次人为的晒

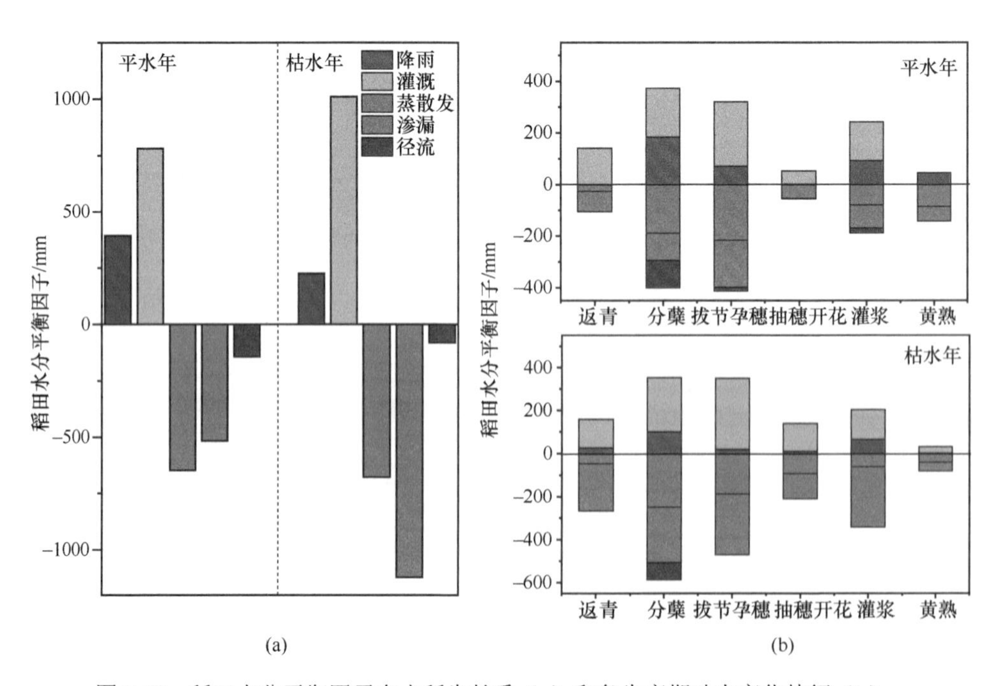

图 3-12 稻田水分平衡因子在水稻生长季（a）和各生育期动态变化特征（b）

田排水（7 月 1 日和 9 月 7 日），这说明除了降雨径流外，人为的晒田排水也是稻田径流水流失的重要原因。从不同生育期来看，稻田水分输出主要发生在分蘖期和拔节孕穗期，这两个时期的水分输出占总输出的 62.02%。分蘖期和拔节孕穗期的渗漏量占总渗漏量的 57.37%，径流量占总径流量的 92.40%，以上分析说明这两个时期是稻田水分流失的关键生育期。

2）稻田氮磷流失动态变化特征

根据上文稻田水量平衡分析可知稻田渗漏水量高于径流水量，但由于径流水中氮磷浓度高于渗漏水中的浓度，因此平水年稻田氮磷流失的主要途径为径流流失（图 3-13 和图 3-14）。但在枯水年降雨量较少，径流发生次数少，氮磷流失的主要途径为渗漏流失。从整个生育期来看，平水年和枯水年的 TN 径流流失量分别为 8.46 kg/ha 和 1.26 kg/ha，分别占肥料投入的 4.70 %和 0.70 %；TN 渗漏流失量分别为 3.97 kg/ha 和 4.86 kg/ha，分别占肥料投入的 2.20 %和 2.70 %。从氮素流失的形态来看，NH_4^+-N 和 ON-N 是氮素流失的主要形式，NH_4^+-N 分别占径流和渗漏流失总量的 49.35%和 45.13%；ON-N 分别占径流和渗漏流失总量的 46.82%和 35.67%。

平水年和枯水年的 TP 径流流失量分别为 2.65 kg/ha 和 0.05 kg/ha，分别占肥料投入的 4.08 %和 0.06 %；TP 渗漏流失量分别为 0.36 kg/ha 和 0.66 kg/ha，分别

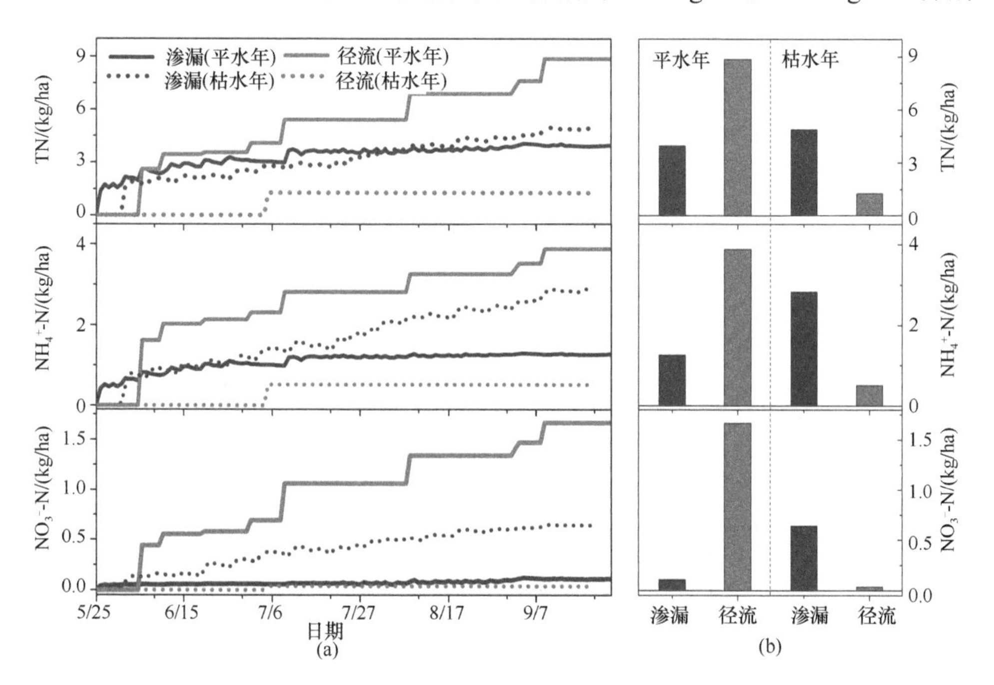

图 3-13　不同形态氮素逐日累计渗漏和径流流失量（a）以及生育期总流失量（b）

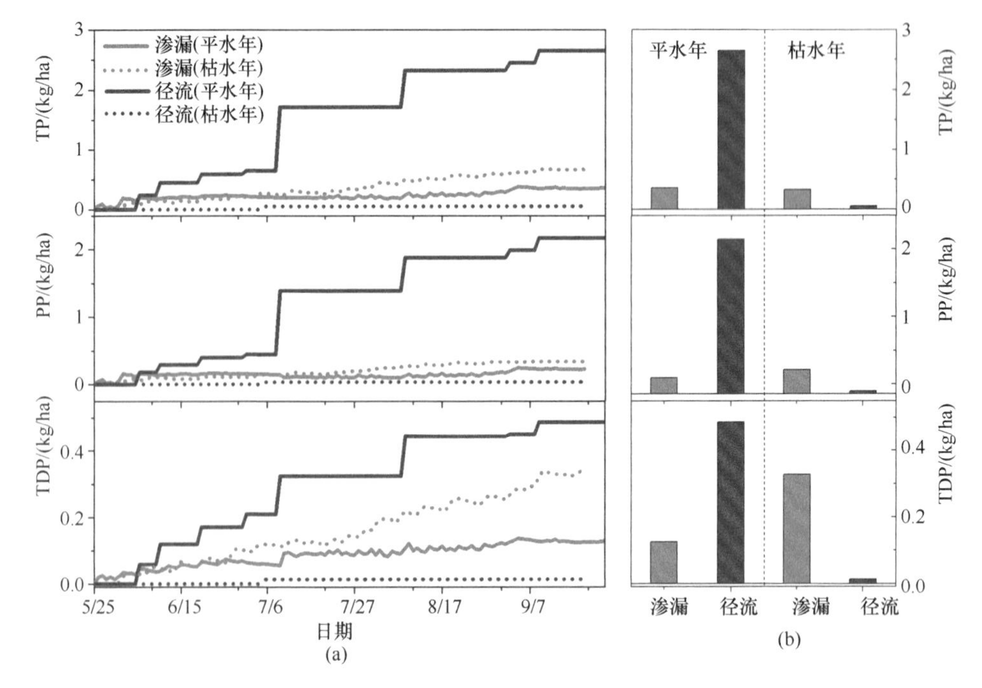

图 3-14　不同形态磷素逐日累计渗漏和径流流失量（a）以及生育期总流失量（b）

占肥料投入的 0.55 %和 1.02 %。从磷素流失的形态来看，PP 是 TP 流失的主要形式，分别占径流和渗漏流失总量的 84.60 %和 57.40 %。总体来说，稻田氮磷流失的两种途径中，渗漏流失量在平水年和枯水年差异不显著；而径流流失量在不同水文年差异显著，受降雨影响较大。综上可知，在平水年或降雨较多的丰水年，稻田氮磷流失主要以径流流失为主，应该特别关注稻田的径流流失。

为进一步识别氮磷流失的关键生育期，分析了各生育期的氮磷流失特征（图 3-15 和图 3-16）。结果表明，TN 渗漏流失主要发生在返青期，占渗漏流失总量的 43.90%。TN 径流流失主要发生在分蘖期，占径流流失总量的 80.43%；其次为拔节分蘖期，占径流流失总量的 10.15 %。NH_4^+-N 和 NO_3^--N 流失的关键生育期与 TN 流失的关键生育期一致，即返青期的渗漏流失占比较高，分蘖期和拔节孕穗期的径流流失占主导地位。

对于 TP 流失来说，渗漏流失主要发生在分蘖期，占渗漏流失总量的 21.72%；径流流失主要发生在分蘖期，占径流流失总量的 62.31%，其次为拔节分蘖期，占径流流失总量的 31.48 %。TP 流失的关键生育期与 PP 和 TDP 流失的关键生育期相同。以上分析说明，返青期和分蘖期是氮磷渗漏流失需要重点关注的生育期，分蘖期和拔节孕穗期是氮磷径流流失需要重点关注的生育期。

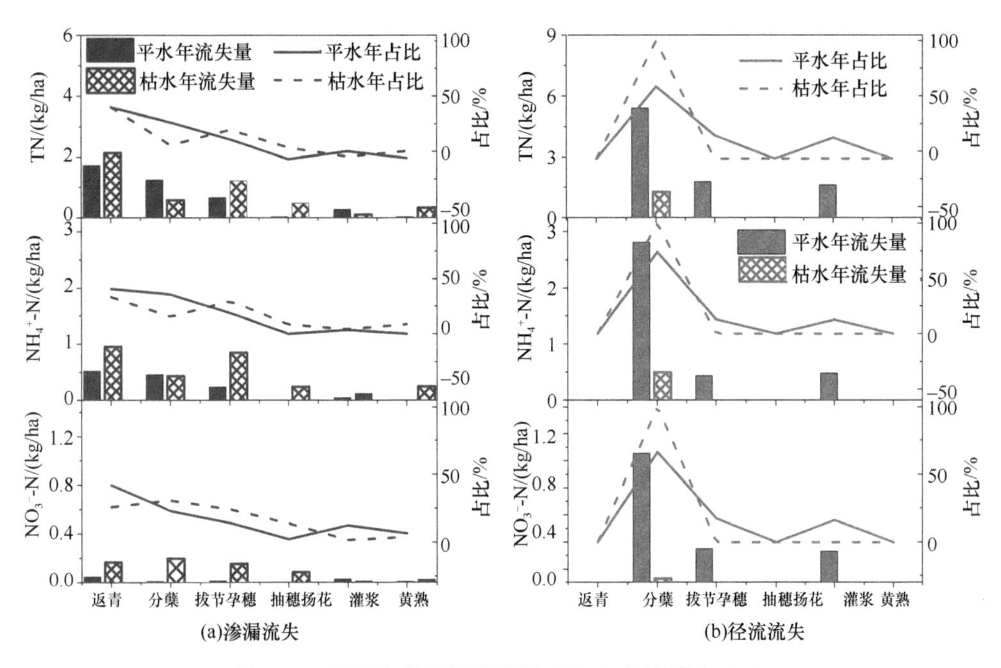

图 3-15　不同生育期氮素渗漏（a）和径流流失（b）

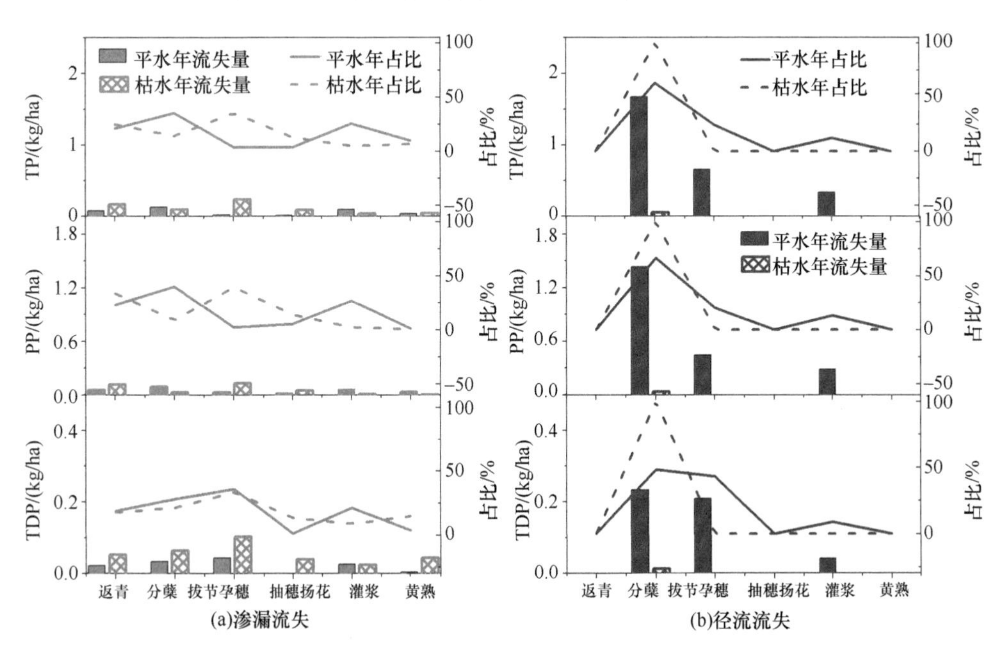

图 3-16　不同生育期磷素渗漏（a）和径流流失（b）

3.3.3 稻田水文因子动态变化下的氮磷流失

在稻田水文因子及氮磷流失变化特征研究的基础上，进一步探究了稻田水文因子对氮磷流失的影响。氮磷渗漏流失量与田面水位高度差、渗漏水量与水分输入（降雨量和灌溉量）的相关分析表明（图 3-17），利用稻田水量平衡方程计算得到的日渗漏水量有时为负值，说明在该时期存在地下水补给。日尺度的渗漏水量与田面水位高度差呈显著负相关、与水分输入呈显著正相关，说明稻田渗漏流失会随着降雨量和灌溉量增加而增加；田面水位高度差越大，氮磷渗漏流失量越小。日尺度的氮磷渗漏流失量与渗漏水量具有相似的变化趋势，两者呈极显著正相关（TN：$R^2 = 0.48$，$p < 0.01$；TP：$R^2 = 0.88$，$p < 0.01$），说明渗漏水量是影响氮磷渗漏流失的重要因素，随着渗漏水量的增加，氮磷渗漏流失增加。

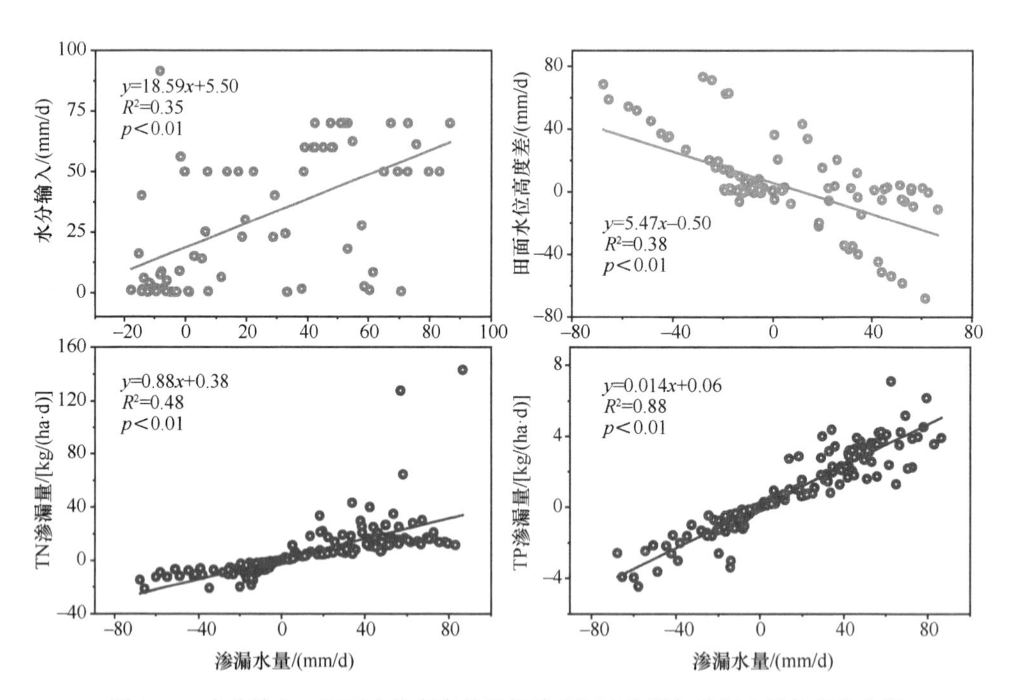

图 3-17 水分输入、田面水位高度差及氮磷渗漏流失量与渗漏水量的相关分析

氮磷径流流失除了受径流量的影响外，还与径流中氮磷浓度有关。径流量一方面受降雨量的影响，另一方面受稻田蓄水容量的影响，降雨前田面水位和排水水位之间的差值即为稻田可以蓄积的水容量。利用本研究两年的监测数据和文献收集获得的数据（石丽红等，2010；梁新强等，2005；曾招兵等，2010；孙国峰等，2018；王静等，2010；李娟等，2016），分析了降雨量和稻田水容量对径流量

的影响，以及降雨量和施肥后天数对不同形态氮磷浓度的影响（图 3-18）。相同降雨量，稻田的蓄水容量越大，发生地表径流的概率以及径流水量就会越小。25 mm 以下的降雨，稻田径流发生率低，超过 50 mm 的降雨时，径流发生率较高。施肥期（施肥后一周）发生径流导致的径流水中氮磷浓度远远高于非施肥期（表 3-4），施肥期径流水中 TN、NH_4^+-N、NO_3^--N、TP、PP 和 TDP 浓度分别为非施肥期的 2.82 倍、4.58 倍、1.76 倍、2.23 倍、1.68 倍和 1.57 倍；并且随降雨量的增加，径流水中氮磷浓度升高。

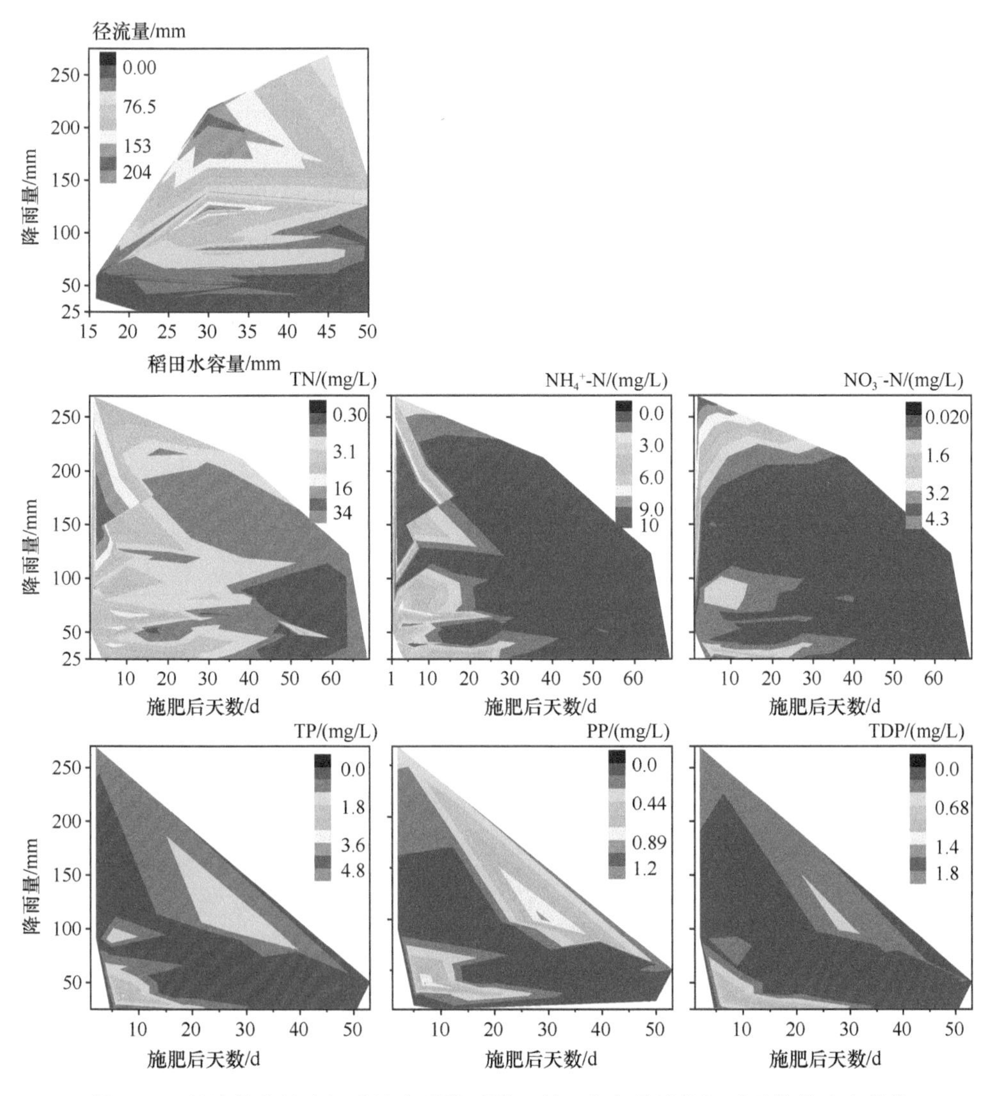

图 3-18　径流量和径流氮磷浓度随降雨量、稻田水容量及施肥后天数的动态变化

表 3-4　施肥期和非施肥期径流水中氮磷浓度　（单位：mg/L）

时期	TN	NH_4^+-N	NO_3^--N	TP	PP	TDP
施肥期	7.78±6.35	5.57±2.37	0.94±0.78	0.7±0.82	0.31±0.52	0.19 ± 0.28
非施肥期	2.75±2.99	1.22±1.98	0.53±0.53	0.31±0.53	0.19±0.37	0.11 ± 0.20

3.3.4　稻田氮磷径流流失关键生育期识别

为了有效缓解稻田面源污染流失，需要确定径流流失关键生育期。因此，开展了不同种植模式下稻田氮磷径流流失原位监测（图 3-19）。四个试验点水稻生育期内的平均降水量和灌溉量分别为 442.72 mm 和 483.60 mm。常规田间管理下，39.68%的水分输入以地表径流形式流失。分蘖期和拔节孕穗期是水稻植株快速生长的时期，也是氮磷流失量较高的时期，TN 和 TP 流失分别占总量的 64.08%和 60.06%。这两个时期，施用分蘖肥和穗肥，且这两个时期的强降水的频率较高，因此氮磷流失量高。由于返青期的降雨频率和地表径流发生频率较低，该时期的 TN 和 TP 流失分别仅占总量的 3.71%和 5.86%。但因为在这一时期施用了 40%的氮肥和全部的磷肥，如果在该时期发生暴雨，面源污染流失会较严重。因此，稻田面源污染流失的关键风险期是水稻生长早期（返青期、分蘖期和拔节孕穗期），尤其是分蘖期和拔节孕穗期。

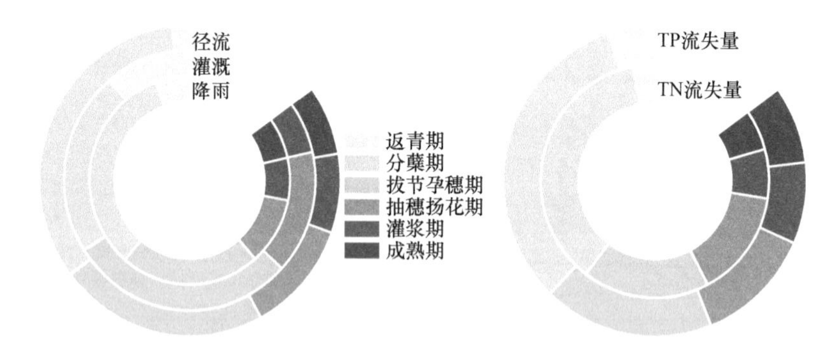

图 3-19　不同生育期降雨、灌溉、径流以及氮磷流失量占比

3.4　讨　　论

3.4.1　稻田氮磷流失的主要途径及关键生育期

径流和渗漏流失是稻田氮磷元素向水体迁移的两个直接途径。不同水文年下，稻田氮磷流失的主要途径不同，表现为径流在平水年是主要流失途径，渗漏在枯水年是主要流失途径。这种现象主要是因为，只有发生强降雨，超过稻田可以容

纳的蓄水容量时，才会发生径流（曹志洪等，2005）；田面水的存在使田间土壤水分向地下迁移，因此地下渗漏是一直存在的。在降雨量较少的枯水年，稻田不产生径流或径流次数较少时，渗漏流失成为稻田氮磷流失的主要途径。通常情况下，在平水年或丰水年，水稻生长与降雨期同季，稻田径流流失量大（Zhao et al.，2012）。同时，氮磷元素随土壤水的纵向的迁移能力比随径流水的横向迁移弱，导致径流水中氮磷浓度远高于渗漏水中的浓度。因此，在平水年或丰水年径流流失为稻田氮磷流失的主要途径。大量氮磷元素随径流直接汇入邻近水体，对稻作流域水环境质量造成严重影响。因此，稻田氮磷流失防控应重点关注氮磷径流流失。

氮素从形态上分无机态氮（IN-N，NH_4^+-N 与 NO_3^--N 之和）和有机态氮（ON-N），磷素从形态上分颗粒态磷（PP）和溶解态磷（TDP）。氮磷流失机理不同导致氮磷流失的主要形态存在一定差异。对于氮素来说，尿素施入稻田后快速水解并主要以 NH_4^+-N 的形式存在于田面水中。随着时间的推移，NH_4^+-N 以氨挥发的形式扩散到大气中，随后田面水中的 TN 主要以 ON 为主。因此，氮素径流流失主要以 ON-N 和 NH_4^+-N 为主，这与 Zhao 等（2012）在太湖地区研究结果一致。不同于氮素，磷素主要被吸附在土壤表层，在稻田中迁移能力较弱，强降雨条件下，雨水冲击土壤产生悬浮颗粒物，使磷素流失主要以吸附在土壤颗粒上的 PP 为主，只有小部分磷溶于水中以 TDP 形式流失，因此磷素径流流失主要以 PP 为主（Zhou et al.，2019）。对于磷素渗漏流失来说，磷素易于被土体固定，磷素渗漏流失量较低，且主要以 PP 磷为主，这与前人研究结果一致（张富林等，2019）。

径流流失为稻田氮磷流失的主要途径，而径流流失的直接驱动力为强降雨。不同生育期降雨特征分析表明，60%以上的降雨发生在分蘖期和拔节孕穗，因此稻田氮磷径流流失的关键生育期主要为分蘖期和拔节孕穗期施肥后，田面水中的氮磷浓度出现峰值，随后逐渐降低，在施肥一周后降为较低值。施肥后一周内若发生大雨，高浓度氮磷将随地表径流流失。已有研究指出施肥后的第一周是稻田高氮磷浓度的关键风险期（Hua et al.，2019b）。应该避免施肥后一周内田面水的外排（张子璐等，2019；Hua et al.，2017）。基肥施用了 40%的氮肥和全部的磷肥，基肥施用后即为返青期，如果该时期发生暴雨，面源污染流失会较严重。综上所述，返青期、分蘖期和拔节孕穗期为稻田氮磷径流流失的关键生育期，特别是施肥后一周是控制氮磷流失的重要时期。

3.4.2　田面水位对稻田氮磷流失的影响

田面水位的动态变化主要受灌溉和降雨的影响，每次发生降雨或灌溉事件后，田面水位迅速增加（Huang et al.，2014）。而田面水位的动态变化又影响着稻田渗漏水量和径流水量，从而影响氮磷径流和渗漏流失。本研究通过对日尺度的田面水位高度差与稻田渗漏水量的相关分析发现，渗漏水量与田面水位高度差呈极显著负相关，与水分输入呈极显著正相关。换而言之，在强降雨或频繁灌溉条件下，稻田渗漏水量增加；而当田面水位较低即浅水灌溉情况下，渗漏水量减少，这与前人研究结果一致（卢成等，2014）。稻田渗漏流失与渗漏水量呈正相关，减少渗漏水量可以显著降低稻田氮磷渗漏量。通过节水灌溉降低田面水位的高度，也是降低稻田氮磷渗漏流失的重要途径之一。

稻田能够容纳多少降雨、是否产生径流以及稻田氮磷流失量大小主要取决于稻田的蓄水容量（Hitomi et al.，2010）。在相同降雨条件下，稻田水容量越大，径流产生量越小。因此，提高稻田水容量是有效减少稻田径流流失的重要途径。本章研究发现在平水年和丰水年，稻田氮磷流失主要为径流流失。在降雨量大且降雨频率高的年份，田面水位高度将会维持在较高的水平。提高稻田的排水水位高度，扩大稻田的蓄水容量，可以有效防控面源污染（Lu et al.，2016）。

3.5 本章小结

本章研究对典型种植模式下稻田水文因子和氮磷流失动态进行了高频率监测，系统分析了稻田水文因子及氮磷流失动态变化规律，揭示了稻田氮磷流失的主要途径和关键生育期，并探讨了田面水位对稻田氮磷流失的影响。本章主要结论如下：

（1）在平水年和丰水年，径流流失为稻田氮磷流失的主要途径；在枯水年，径流发生次数较少，渗漏流失成为氮磷流失的主要途径。虽然稻田渗漏水量大于径流水量，但径流水中氮磷浓度远高于渗漏水中的浓度，因此，稻田面源污染防控应重点关注氮磷径流流失。

（2）氮素流失主要以 ON-N 和 NH_4^+-N 为主，分别占 TN 流失总量的 45.13%和 35.67%以上，特别是在径流流失中占比分别为 49.35%和 46.82%。磷素流失主要以 PP 为主，占 TP 流失总量的 57.40%以上，特别是在径流流失中占比高达 84.60 %。

（3）分蘖期和拔节孕穗为稻田氮磷径流流失的关键生育期，特别是施肥后一周是控制氮磷流失的重要时期。基肥施用后的返青期田面水中氮磷浓度处于较高水平，亦是氮磷流失的高风险期。总之，稻田面源氮磷污染流失的关键生育期是水稻生长早期，即返青期、分蘖期和拔节孕穗期。

（4）稻田渗漏水量和径流水量主要受田面水位变化的影响。稻田渗漏流失与田间水分输入呈正相关，与田面水位高度差呈负相关。稻田蓄水容量和降雨量是影响稻田径流流失的主要因素。25 mm 以下的降雨，稻田径流发生率低，超过 50 mm 的降雨时，径流发生率较高。合理地进行田面水位优化，在保证水稻产量的前提下尽可能地提高排水水位，是降低稻田面源污染流失的重要途径。

第4章　典型种植模式下水稻关键生育期排水水位阈值研究

4.1　引　　言

基于第3章研究结果可知，通过田面水位优化提高稻田水容量是减少氮磷流失的重要途径，特别是在氮磷流失的关键生育期（返青期、分蘖期和拔节孕穗期）。在水稻大部分生育期，田面通常保持20～50 mm深度的水层（Maruyama et al.，2017；Jung et al.，2012）。当发生强降雨导致超过田间蓄水能力时，就会产生地表径流。稻田地表径流的产生取决于降雨前田面水位高度和排水水位之间的高差（Hitomi et al.，2010；Liu et al.，2021a）。提高田间蓄水能力的最常见方法是通过节水灌溉管理降低降雨前田面水位，这种方法已被广泛研究和采用（Folberth et al.，2020；Zhuang et al.，2019；Sriphirom et al.，2019；Samoy-Pascual et al.，2019）。然而，对于通过排水管理提高排水水位的方法，缺乏足够的关注和重视。提高稻田排水水位可以有效扩大稻田水容量，减少降雨径流量，同时减轻由于降雨击溅而引起的土壤扰动，从而有效减少稻田氮磷流失（闫百兴等，2002）。因此，需要进一步探索合理的排水优化管理措施，因为它不仅可以将降雨储存在稻田中节约灌溉用水，还可以降低稻田排水以减少氮磷径流流失（Lu et al.，2016；Jung et al.，2012）。

我国幅员辽阔、水稻种植面积大、水稻种植制度差异较大，不同稻作流域水稻生长季的降雨温度相差较大，因此，有必要在典型稻作流域开展关键生育期排水水位阈值研究。基于以上研究需求，本章选择种植面积最大的长江流域稻区作为主要研究区域，在田间尺度开展田面水位优化对稻田氮磷流失和产量的影响研究；通过典型区域多年降雨分析，识别关键生育期不影响水稻正常生长的排水水位阈值。研究结果可为我国典型种植模式下水稻关键生育期排水水位管理提供科学依据和理论指导。

4.2　材料与方法

4.2.1　关键生育期淹水试验

4.2.1.1　试验设计

根据第3章研究结果可知，返青期、分蘖期和拔节孕穗期是稻田氮磷流失关键生育期。由于水稻返青期是移栽后的一周内，该时期需要浅水栽秧，有利于将秧苗栽得浅、直、齐、匀、稳，可保证栽秧的质量，提高栽秧效率和成活率，若淹水时间过长，秧苗不易成活返青，因此本研究不对返青期的秧苗进行淹水试验。针对关键生育期中的分蘖期和拔节孕穗期，以及水稻产量、结实率和籽粒质量形成的关键期灌浆期，本研究设置不同淹水深度和淹水时间的水位控制盆栽试验。该试验是在长江大学试验基地内开展。试验采用盆栽方法（盆高 30 cm，内径 25.5 cm），每盆装约 13 kg 的风干土。在每盆中种植 2 蔸水稻，每蔸包括 1 株水稻。每盆的氮、磷和钾肥施用量分别为 2.5 g、1.13 g 和 1.95 g，其中氮肥以 70∶30 的比例分别作基肥和分蘖肥施用，钾肥和磷肥全部作为基肥施用。

在水稻分蘖期（主茎 8 叶 1 心～10 叶 1 心）、拔节期（第 2 节间长出）、孕穗期（剑叶叶枕露出）和灌浆期（颖壳闭合开始）分别开展淹水试验。每个生育期的淹水试验是独立进行的，例如分蘖期淹水试验仅在分蘖期进行淹水处理，其他时期均为常规管理。试验设置淹水深度和淹水时间两个控制因素。淹水深度设置 4 个水平，分别为 1/4、1/2、3/4 和 4/4 株高（PH）淹水，即淹水深度分别为水稻植株高度的 25%、50%、75%和全淹四个深度，试验期间根据水稻株高的变化对淹水深度进行相应的调整。在分蘖期和孕穗期淹水试验中，淹水时间设置 4 个水平，分别为 2 d、4 d、6 d 和 8 d；在拔节期和灌浆期淹水试验中，设置淹水时间 3 个水平，分别为 3 d、6 d 和 9 d。每组试验设置 3 个重复。以整个生育期常规水分管理为对照（CK），即对照处理在分蘖期保持约 3 cm 的淹水深度，在拔节期、孕穗期和灌浆期均保持约 5 cm 的淹水深度。淹水试验在淹水池中进行。除生育期淹水处理外，其他管理措施同常规大田。试验期间水稻生长情况如图 4-1 所示。

图 4-1　关键生育期淹水试验的水稻生长情况

4.2.1.2　测定指标

在试验开始和结束测定水稻株高。每盆 2 蔸水稻平均值作为 1 个平行值，每个处理测定 3 盆，即为 3 个平行值。水稻成熟后，统计每盆 2 蔸水稻有效穗数，取平均值作为该盆有效穗数，将每盆 2 蔸水稻一起收获，随机取 10 穗，统计各穗结实率；水稻脱粒后晒干称重，统计每个处理千粒重，计算每个处理的实际产量。

4.2.1.3 数据处理

考虑到不同生育期水稻株高不同，引入水稻相对产量（R_y）、相对淹水深度（R_h）、相对淹水时间（R_t）和相对淹水程度（R_w）四个指标来评价淹水胁迫对水稻产量的影响，公式如下：

$$R_{\mathrm{yij}} = \frac{100Y_{ij}}{Y} \tag{4-1}$$

$$R_{\mathrm{hij}} = \frac{100H_{ij}}{H_i} \tag{4-2}$$

$$R_{\mathrm{tij}} = \frac{100T_{ij}}{T_i} \tag{4-3}$$

式中，R_{yij}、R_{hij} 和 R_{tij} 分别是某生育期 i、特定处理 j 的相对水稻产量、相对淹水深度和相对淹水时间；H_{ij} 和 T_{ij} 是某生育期 i、特定处理 j 的淹水深度和淹水时间，Y_{ij} 是某生育期 i、特定处理 j 的水稻产量，Y 是无淹水胁迫对照处理的水稻产量，H_i 和 T_i 是某生育期 i 的水稻株高和生育时长。此外，引入 R_w 来表征每个处理的相对淹水程度，计算公式为

$$R_{\mathrm{wij}} = \frac{100T_{ij}H_{ij}}{T_iH_i} \tag{4-4}$$

式中，R_{wij} 为某生育期 i、特定处理 j 的相对淹水程度，将式（4-2）和式（4-3）代入式（4-4），也可表示为

$$R_{\mathrm{wij}} = 0.01R_{\mathrm{hij}}R_{\mathrm{tij}} \tag{4-5}$$

4.2.2 全生育期排水水位优化试验

4.2.2.1 试验设计

根据关键生育期淹水试验的结果，将淹水 2 d 且水稻不减产条件下的最大淹水深度作为各生育期的排水水位阈值，设置全生育期稻田排水水位优化试验（图 4-2）。试验在长江流域稻区湖北省安陆市田间试验点开展。试验设计理念为，在保证水稻正常生长的前提下，对稻田排水水位（$H_{\max}$）进行调节。田间水位管理方式为，稻田水位低于灌溉水位（$H_{\min}$）时灌水至适宜水位（H）；稻田水位超过排水水位（$H_{\max}$）时排水至 $H_{\max}$。$H_{\max}$ 设置了 4 个试验处理，F0 处理各生育

期的排水水位为常规排水管理；F3 处理各生育期的排水水位为基于关键生育期淹水试验获得的淹水 2 d 不减产的排水水位阈值；F1 处理和 F2 处理各生育期的排水水位为介于 F0 和 F3 处理之间的适度水位管理，各处理水位设置见表 4-1。经过现场田间调查，湖北省安陆市试验点的田埂高度平均值约为 180 mm。当根据关键生育期淹水试验获得的排水水位阈值高于田埂高度时，将 H_{max} 设置为田埂高度。

表 4-1　田面水位管理设置　（单位：mm）

田面水位	处理	泡田	返青	分蘖前期	分蘖后期	拔节孕穗	抽穗扬花	灌浆	成熟前期	成熟后期
H_{max}	F0	80	50	60	0	80	80	80	60	0
	F1	80	60	70	0	120	100	120	100	0
	F2	80	70	80	0	150	120	150	140	0
	F3	80	80	95	0	180	150	180	180	0
H		40	30	40	0	60	60	60	30	0
H_{min}		20	10	20	0	20	20	20	10	0

注：H_{max} 为排水水位，H 为适宜水位，H_{min} 为灌溉水位。

图 4-2　稻田排水优化试验

此外，为验证增加排水水位是否适用于长江流域双季稻区水稻生产，在江西高安的早稻季进行了田间排水优化试验。将稻田排水水位分别保持在 50 mm、80 mm、100 mm 和 150 mm，建立了四个排水水位处理（CD50、CD80、CD100 和 CD150）。CD50 为对照，是常规的排水管理。田面水位超过指定排水水位时，发生地表径流。

4.2.2.2　测定指标

水稻季产生降雨径流时，记录径流水量并取径流水样，测定水样中氮磷浓度，计算氮磷流失量，具体测定计算方法见第 3 章 3.2.4 节。水稻收获后，测定水稻产量。

4.2.3　典型研究区历史降雨分析

为了评估稻田排水优化的适用性，对长江流域水稻主产区四个典型水稻种植点的历史降雨数据进行分析。1985～2015 年期间日降水量数据来自中国气象局国家气象信息中心（http: //data.cma.cn）。使用 Pierson III 型函数分析试验地点历史降水的超标频率分布和重现期（Wang et al.，2015）。

4.3　结　　果

4.3.1　关键生育期淹水条件下水稻产量变化特征

整体来看，水稻产量随着淹水深度和时间的增加而逐渐降低（图 4-3）。相同淹水时间条件下，水稻产量随着淹水深度提高而显著降低（$p < 0.01$）；同一淹水

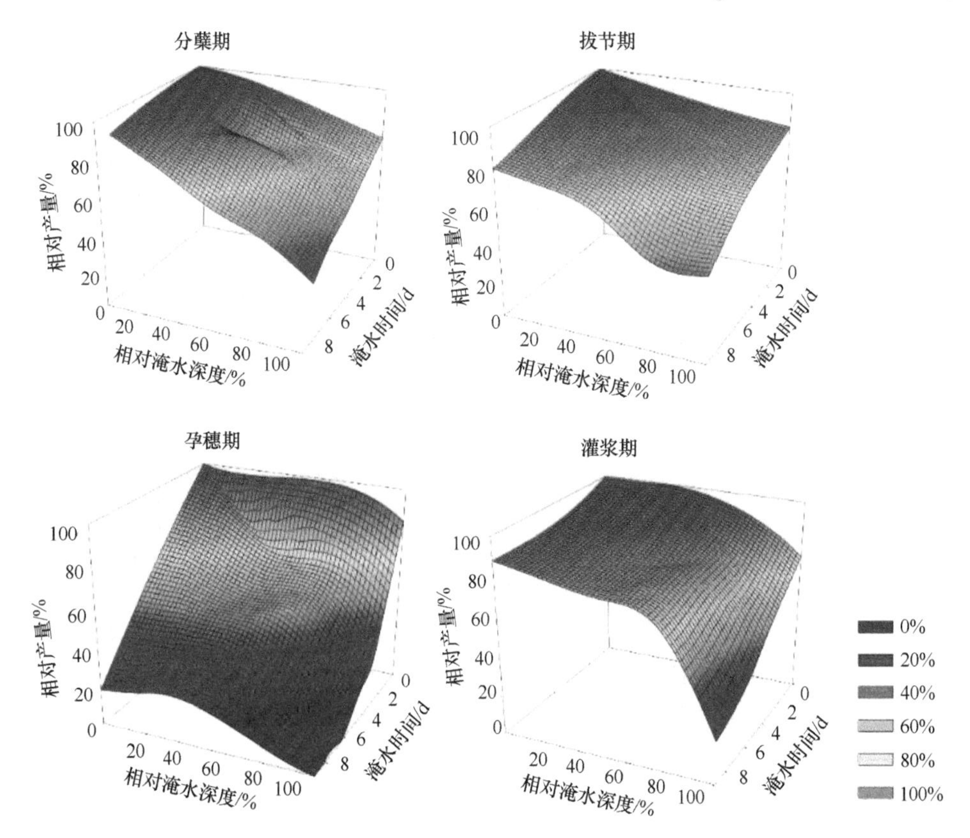

图 4-3　不同生育期相对产量（R_y）与相对淹水深度（R_h）和淹水时间（T）的三维曲面图

深度下，随淹水时间的延长，水稻减产差异显著（$p < 0.01$）。分蘖期，1/4 PH 淹水深度下，淹水 2 d 水稻相对产量为 94.16%；4/4 PH 全淹条件下，淹水 8 d 水稻相对产量为 31.77%。拔节期，1/4 PH 淹水深度下，淹水 3 d 水稻相对产量为 91.99%；4/4 PH 全淹条件下，淹水 9 d 水稻相对产量为 45.98%。孕穗期，1/4 PH 淹水深度下，淹水 2 d 水稻相对产量为 76.31%；4/4 PH 全淹条件下，淹水 8 d 水稻相对产量为 0%。灌浆期，1/4 PH 淹水深度下，淹水 3 d 水稻相对产量为 89.27%；4/4 PH 全淹条件下，淹水 9 d 的水稻相对产量为 22.16%。水稻相对产量与淹水生育期（$p < 0.05$）、淹水时间（$p < 0.01$）以及淹水深度（$p < 0.01$）呈显著相关。根据三维曲面图的曲面变化趋势可知，孕穗期对淹水胁迫的敏感性高于其他时期，即在相同的淹水条件下，孕穗期淹水后的水稻减产率最大，其次为分蘖期；灌浆期对淹水胁迫的敏感性最低。

考虑到不同生育期的水稻株高和生育时长不同，进一步利用线性回归模型评估了水稻相对产量（R_y）对相对淹水程度（R_w）的响应（图 4-4）。结果表明，在关键生育期，相对产量与相对淹水程度均呈显著的负相关（$p < 0.01$）。在相同的相对淹水程度下，分蘖期和孕穗期淹水后的减产率低于其他两个时期。这说明分蘖期和孕穗期对淹水胁迫更敏感，与上文中三维曲面图的结果一致。因此，在确定稻田排水水位阈值时，需要考虑不同生育期水稻的耐淹特性。

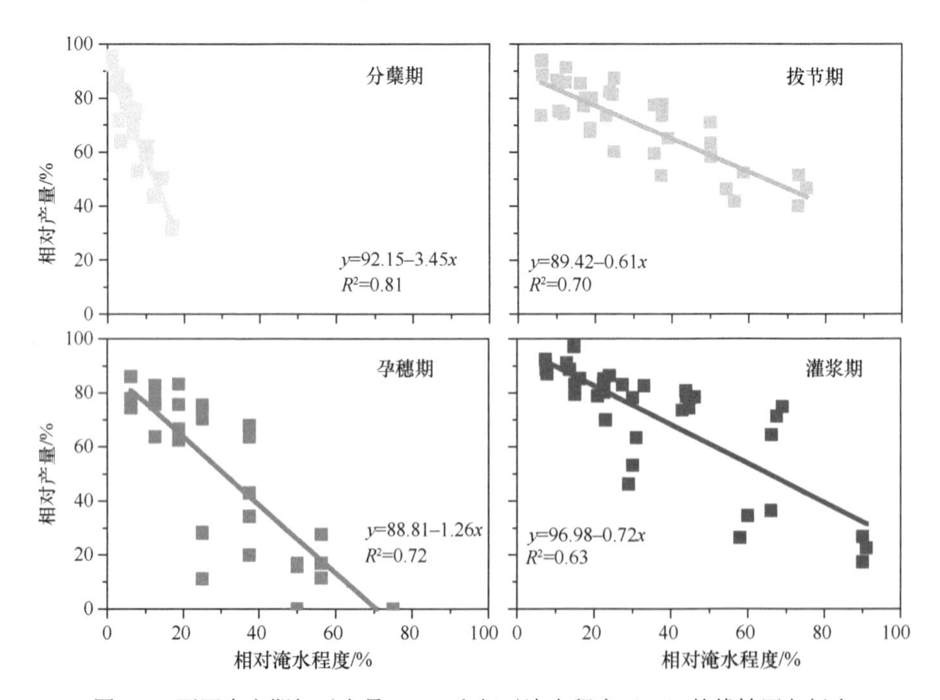

图 4-4 不同生育期相对产量（R_y）和相对淹水程度（R_w）的线性回归拟合

为深入理解不同生育期对淹水胁迫的敏感性，对各处理下水稻相对产量进行分析［图 4-5（a）］。除孕穗期外，其他时期相对产量的平均值和中位数均在 70%以上，孕穗期相对产量的平均值和中位数均在 50%以下。由此可知，孕穗期对淹水胁迫最敏感，其次为分蘖期、拔节期和灌浆期。此外，不同生育期特定淹水深度每增加 1 d 的水稻减产率分析表明［图 4-5（b）］，随着淹水深度的增加，相对产量对淹水时间的敏感性增强。分蘖期，1/4 PH、1/2 PH、3/4 PH、和 4/4 PH 淹水深度下，淹水时间每增加 1 d，产量分别降低 2.94%、3.92%、3.63%和 5.35%；拔节期，产量分别降低 4.30%、4.09%、7.82%和 7.13%；孕穗期，产量分别降低 7.47%、5.58%、10.38%和 9.77%；灌浆期，产量分别降低 1.46%、2.45%、1.92%和 8.00%。以上结果表明孕穗期对淹水胁迫最敏感，灌浆期对淹水胁迫的敏感性最低。

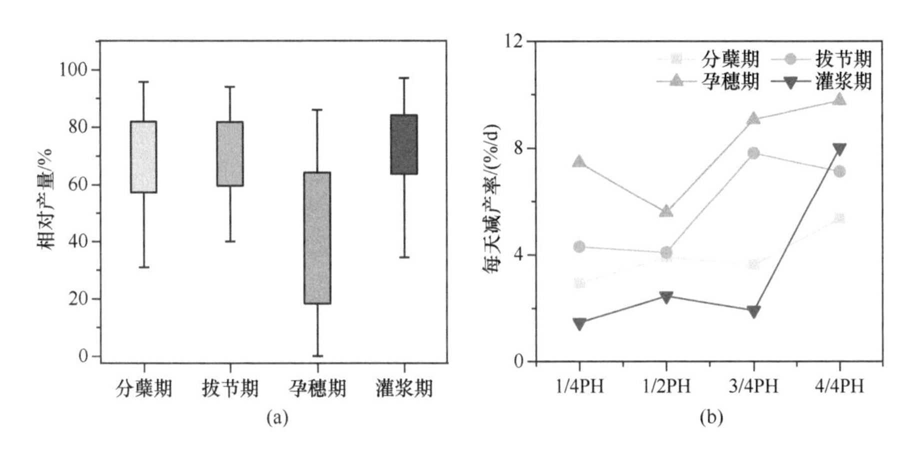

图 4-5　不同生育期淹水条件下平均相对产量（a）和每天减产率（b）

4.3.2　关键生育期排水水位阈值的确定

根据不同淹水条件下水稻产量的变化，建立了水稻相对产量（R_y）对淹水时间（T）和淹水深度（H）响应的回归方程（表 4-2）。建立的回归方程极显著地体

表 4-2　不同生育期水稻相对产量（R_y）与淹水深度（H）和淹水时间（T）的回归关系式

	回归关系式	R^2	F	p	标准化回归系数绝对值	
					H	T
分蘖期	$R_y = 110.62–1.9885\ T–0.7016\ H$	0.917	390.19	p<0.01	0.909	0.322
拔节期	$R_y = 114.74–3.1937\ T–0.3497\ H$	0.716	56.44	p<0.01	0.736	0.443
孕穗期	$R_y = 120.03–5.399\ T–0.7259\ H$	0.834	159.51	p<0.01	0.864	0.341
灌浆期	$R_y = 117.10–1.9854\ T–0.4376\ H$	0.776	77.32	p<0.01	0.845	0.313

现出水稻相对产量对淹水胁迫的响应关系（$p < 0.01$），可为水稻关键生育期排水水位的确定提供依据。根据多元统计分析的原理，通过比较淹水时间和淹水深度的标准回归系数绝对值的大小，可判断这两个变量对水稻相对产量的重要性。由表 4-2 可知，关键生育期淹水深度对水稻产量的影响比淹水时间的影响更大。淹水深度在不同时期的影响顺序为分蘖期 > 孕穗期 > 灌浆期 > 拔节期；而淹水时间在不同时期的影响顺序为拔节期 > 孕穗期 > 分蘖期 > 灌浆期。

根据表 4-2 的回归关系式，分析了不同淹水时间下，不同生育期的最大淹水深度（图 4-6）。以不减产（即 R_y =100%）作为最大淹水深度的指标，在分蘖期、拔节期、孕穗期和灌浆期，淹水 1 d 的最大淹水深度分别为 123 mm、330 mm、201 mm 和 340 mm；淹水 2 d 的最大淹水深度分别为 95 mm、239 mm、127 mm 和 300 mm；淹水 3 d 最大淹水深度分别为 66 mm、147 mm、53 mm 和 254 mm。若以减产 5%（即 R_y = 95%）作为最大淹水深度的指标，在分蘖期、拔节期、孕穗期和灌浆期，淹水 1 d 的最大淹水深度分别为 151 mm、387 mm、230 mm 和 390 mm；淹水 2 d 的最大淹水深度分别为 123 mm、296 mm、155 mm 和 345 mm；淹水 3 d 相应的最大淹水深度分别为 95 mm、205 mm、80 mm 和 300 mm。值得一提的是，最大淹水深度是指发生强降雨后的稻田的排水水位高度，也就是说，以上获得的最大淹水深度，即为相应条件下的排水水位阈值。

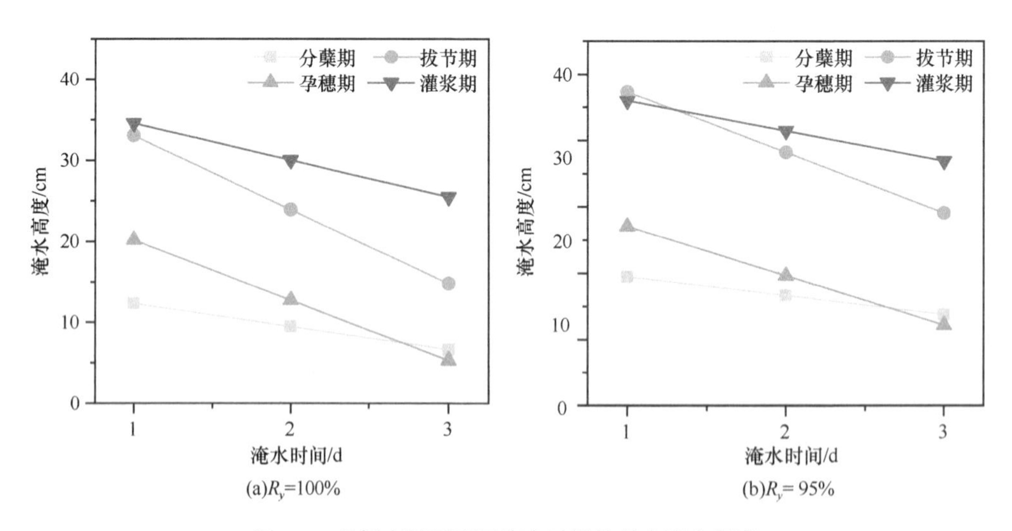

图 4-6　目标产量下不同淹水时间的最大淹水深度

另外，在进行稻田排水水位设置时，也应考虑当地田埂的实际高度。经现场田间调查，湖北省安陆市田间试验点田埂高度平均值约为 180 mm。当推荐的排水水位阈值高于田埂高度时，可将排水水位设置为田埂高度。因此，在该田间试验点，淹水 2 d 且水稻不减产条件情况下（即 R_y=100%），分蘖期、拔节孕穗期和灌浆期的排水水位可分别设置为 95 mm、180 mm（拔节期和孕穗期的平均值）和 180 mm。

4.3.3　全生育期排水水位优化对氮磷流失和产量的影响

试验期间，水稻生育期降雨量和氮磷流失量如图 4-7 所示。与常规排水管理（F0）相比，提高排水水位可以降低径流发生频率，减少径流流量。试验期间，降雨发生次数较少，强降雨主要发生在分蘖期。F0 处理下共发生了 4 次降雨径流事件，F1、F2 和 F3 处理下分别发生了 2 次、1 次和 0 次降雨径流事件。随排水水位的提高，氮磷流失阻控效果增强。与 F0 处理相比，F1、F2 和 F3 处理下，TN 流失分别减少 42.12%～48.97%、68.31%和 100%；TP 流失分别减少 27.18%～50.52%、65.97%和 100%。从氮磷流失的形态来看，ON-N 为氮素流失的主要形式，占 TN 流失量的 51.02%～71.00%；PP 为磷素流失的主要形式，占 TP 流失量的 67.90%～76.96%。与 F0 处理相比，提高排水水位后，ON-N、NH_4^+-N 和 NO_3^--N 流失量分别减少 24.00%～67.52%、36.13%～62.16%和 12.53%～45.12%，PP 和 TDP 流失量分别减少 24.00%～67.52%和 36.13%～62.16%。不同排水优化处理间水稻产量差异不显著（图 4-8），说明提高排水水位可以在保证水稻产量的同时，有效减少稻田氮磷流失量。

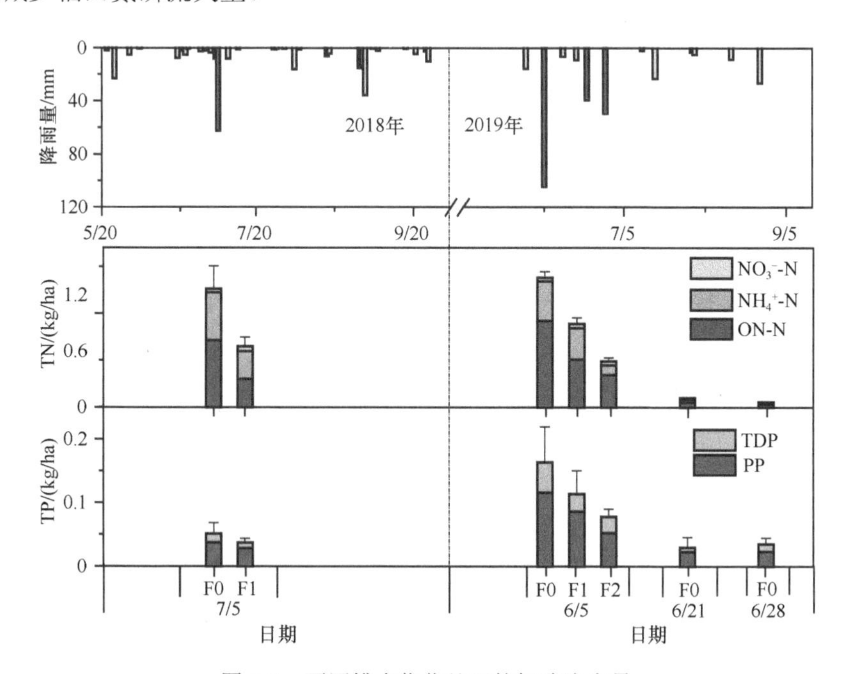

图 4-7　不同排水优化处理的氮磷流失量

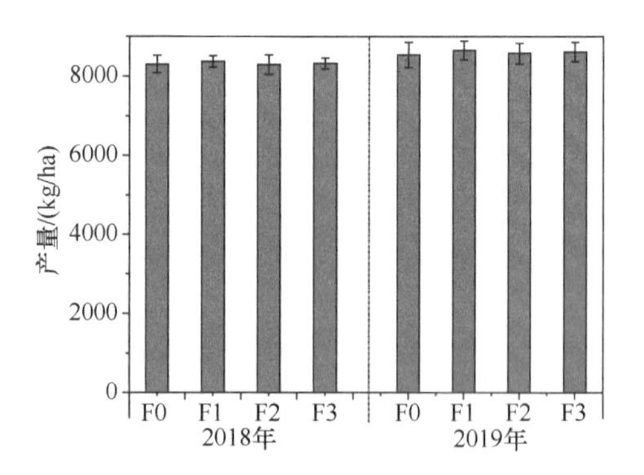

图 4-8 不同排水优化处理的水稻产量

4.3.4 排水优化管理下典型种植模式稻田氮磷流失特征

早稻季排水优化管理下稻田氮磷径流流失特征如图 4-9 所示。高安早稻生长季的降水量为 723.2 mm，表明该年份雨量充沛，为丰水年。通过增加稻田排水水位高度，地表径流产生的频率显著降低。在常规水位管理下（CD50，排水水位为 50 mm）发生了 11 次地表径流事件，而当排水水位增加到 80 mm、100 mm 和 150 mm 时，分别有 11 次、5 次和 3 次径流事件，相比常规水位管理，地表径流量分别减少了 27.97%、57.31%和 78.94%。并且提高排水水位后，TN 和 TP 流失量显著减少。当排水水位为 50 mm 时，TN 和 TP 流失量分别为 14.21 kg/ha 和 1.53 kg/ha，当排水水位为 80 mm、100 mm 和 150 mm 时，TN 流失量分别减少了 35.17%、48.02%和 67.95%，TP 流失量分别减少了 22.60%、62.74%和 83.79%。当排水水位为 150 mm 时，在灌浆期和成熟期，不产生氮磷径流流失。此外，不同排水水位处理下水稻产量没有显著差异。因此，可知在不显著降低水稻产量的情况下，合理提高排水水位到 80～150 mm 可以有效减少稻田氮磷径流流失。

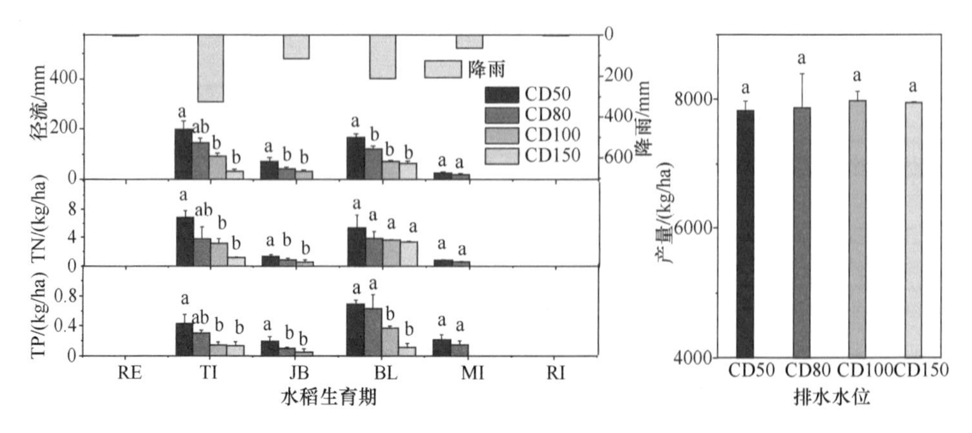

图 4-9 不同排水水位管理下稻田径流量、氮磷流失量和水稻产量

4.3.5 典型种植模式下水稻关键生育期水位阈值确定

为了确定典型种植模式下水稻关键生育期的水位阈值，对长江流域稻区四个点位多年历史降雨数据进行了分析。水稻生长季每日降雨频率分布表明，在安陆、高安、荆州和巢湖点位，降雨量大于 150 mm 的天数分别只有 8 d、4 d、0 d 和 6 d（图 4-10）。在安陆、高安和巢湖地区水稻生长季，150 mm 降雨的重现期约为 1000 d，荆州地区的重现期约为 10000 d。这表明在这四个水稻种植区，日降雨量超过 150 mm 是极为罕见的。此外，95%以上的日降雨量小于 80 mm。因此，在农业实践中，建议将排水水位设置在 80～150 mm 之间是较为合理的。稻田地表径流和面源污染流失主要受稻田蓄水量的影响，这一定程度上取决于排水水位高度（Jung et al.，2012）。增加排水水位可以提高稻田蓄水量，显著减少了 27.97%～78.94%地表径流和 35.17%～67.95%的总氮径流流失。这一发现与之前的研究一致，已有研究指出增加排水水位后，TN 流失量减少了 59.6%～95.6%（Lu et al.，2016）。根据本研究，大多数生育期的排水水位建议为 80～150 mm。当暴雨发生时，可根据表 4-2 中水稻相对产量与淹水深度和持续时间之间的经验关系，提高排水水位，建议在分蘖期、拔节孕穗期和灌浆期，2 d 淹水的排水水位分别设置为 95mm、180 mm 和 300 mm（Liu et al.，2021a）。

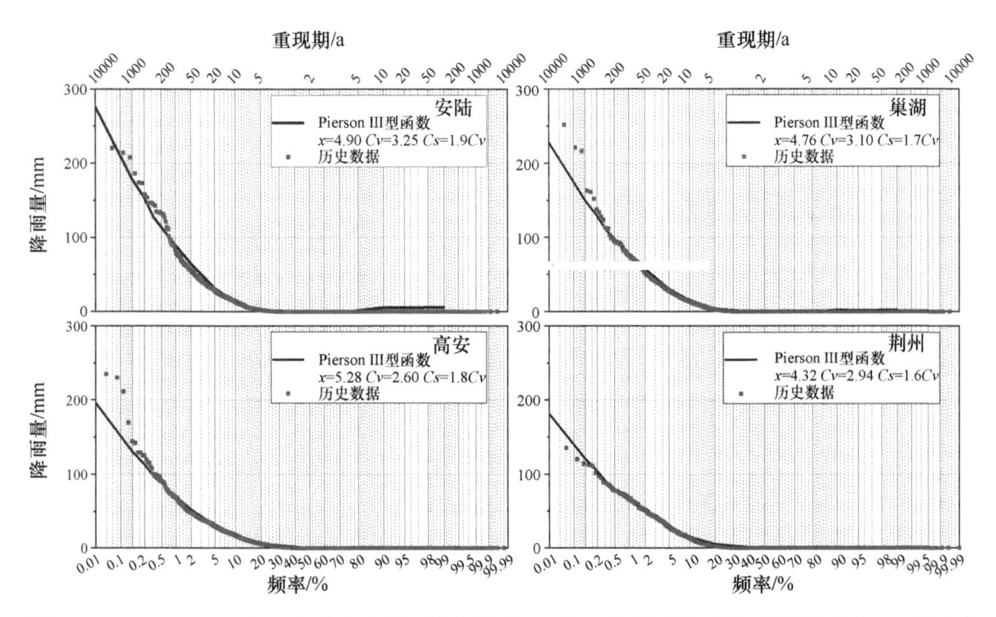

图 4-10　1985～2015 年四个站点的降雨特征分布（x 代表水稻生长季的平均降雨量，Cv 代表变异系数，Cs 代表偏度系数）

另外，考虑到劳动力和经济效益，在稻田排水水位的设置过程中还应考虑稻田田埂高度。如果某些地区田埂高度小于建议的排水水位，可将排水水位设置为当地田埂高度。例如，安陆站点平均田埂高度约为 180 mm。因此，在生产实践中，灌浆期 2 d 内的排水水位可以设置为 180 mm。此外，稻田水循环是一个非常复杂的过程，水分平衡因子受到降雨模式和温度等因素的影响（Chen et al.，2013）。暴雨发生后第 2～7 d 稻田土壤含水量迅速增加（Ouyang et al.，2015），这表明降雨发生后，渗漏水量可能会随着排水水位的升高而增加。稻田田面水位会改变温度环境，从而影响稻田的蒸散量（Maruyama and Kuwagata，2010）。因此，在排水管理优化过程中，应考虑不同气候条件下排水水位对稻田水平衡因子的影响。

本章研究结果表明，排水水位优化对减少稻田面源污染流失至关重要，它可以在保证粮食安全的情况下提高水分利用率并提高氮磷元素利用率。前人研究表明，中国有一半的稻田需要减少氮肥施用量，若采用环境最优的化肥施用量将减少氮素流失，同时保证水稻稳产（Zhang et al.，2018）。因此，从水肥利用效率和面源污染防控的双重角度来看，优化稻田排水和优化施肥对促进环境可持续发展和确保粮食安全具有重要作用（Fu et al.，2021；Liang et al.，2019）。广泛实施最佳排水和施肥管理将促进水稻生产的可持续发展。然而，由于一些农民缺乏节水和环境保护方面的知识，以及其他技术、体制和社会经济因素，稻田水分优化管理的广泛实施面临着巨大的挑战。如果能够实现广泛推广，例如通过政府的激励政策等方式，水稻生产的可持续发展有望早期实现。

4.4 讨　论

4.4.1 关键生育期水稻的耐淹特性

关键生育期淹水试验结果表明，淹水胁迫可显著影响水稻产量，甚至有时可导致水稻绝产，这与以往的研究结果一致（Xu et al.，2006；Vergara et al.，2014；Sarangi et al.，2016）。在水稻生长过程中，应避免发生长期淹水的情况，因此确定排水水位阈值对水稻生产至关重要。本研究结果表明，随淹水深度和淹水时间的增加，水稻相对产量逐渐下降，不同生育期水稻的耐淹特性不同。分蘖期和孕穗期对淹水胁迫的敏感高于其他时期，这与已有研究结果基本一致。Kotera 和 Nawata（2007）发现几乎在所有水文条件下，水稻移栽后的营养阶段比生殖生长阶段对淹水胁迫更为敏感。Shao 等（2014）对不同生育期的控制排水研究表明，分蘖期对淹水胁迫的敏感性高于其他时期。Zhu 等（2019）研究结果表明，水稻分蘖形成和芽伸长之间存在着对淹水胁迫的补偿机制，也就是说，水稻的能量被转移到芽伸长以逃避淹水，因此生育早期淹水会导致水稻产量显著降低。而且，生育早期淹水胁迫下水稻快速伸长会增加倒伏风险，从而降低收获指数（Kato et al.，2014；Vergara et al.，2014）。此外，不同生育期株高的差异也会影响水稻的耐淹特性。水稻株高越高，其耐淹深度越大。随着水稻的生长，株高不断增加并在灌浆期趋于稳定。因此，在相同的淹水时间下，灌浆期的耐淹深度大于其他三个时期。综上所述，稻田排水水位的设置应考虑各生育期水稻的耐淹特性，并且应该重点关注水稻生育早期的耐淹特性。

4.4.2　关键生育期排水水位的优化

常规灌排管理下，不同生育期的排水水位一般设置在 60～80 mm 之间（Xie and Cui，2011；Wu et al.，2019b）。本研究通过关键生育期淹水试验，建立了水稻相对产量与淹水深度和淹水时间的多元回归方程，可以计算出各生育期不影响水稻产量的最大淹水深度。例如，淹水 2 d 且水稻不减产条件下，分蘖期、拔节期、孕穗期和灌浆期的最大淹水深度分别为 95 mm、239 mm、127 mm 和 300 mm。本研究建立的不同生育期水稻产量对淹水胁迫的多元回归方程可用于指导其他相似气候条件地区的稻田排水水位管理。另外，在进行排水水位设置时，也应考虑当地田埂的实际高度，当推荐的排水水位阈值高于田埂高度时，可将排水水位设置为田埂高度。在湖北安陆田间试验点，田埂高度平均值约为 180 mm，因此，该地区分蘖期、拔节孕穗期和灌浆期的排水水位可分别设置为 95 mm、180 mm（拔节期和孕穗期的平均值）和 180 mm。与常规排水管理相比（分蘖期、拔节孕穗期和灌浆期排水水位分别为 60 mm、80 mm 和 80 mm），排水水位最优化可使分蘖期、拔节孕穗期和灌浆期的稻田水容量分别提高 35 mm、100 mm 和 100 mm。也就是说，排水水位最优化后，各生育期可额外容纳 35～100 mm 的降雨量。

4.4.3　排水水位优化对稻田氮磷流失和产量的影响

全生育期排水水位优化试验表明，田面排水优化可以在保证水稻产量的同时，增加稻田水容量，显著降低径流发生频率和氮磷流失量。与常规管理相比，提高排水水位后，稻田的氮磷流失量减少了 42.12%～100%和 27.18%～100%，这一结果与前人研究结果趋势一致。有研究表明，稻田排水水位每增加 10 mm，径流量和 TP 流失量可分别减少 8.1～8.7 mm 和 1.2～3.4 kg/ha（Hitomi et al.，2010）。Lu 等（2016）研究结果表明，与常规排水管理相比，将排水水位提高到 25 cm，TN 径流流失降低 59.6%～95.6%。本章研究的试验期间均为枯水年，强降雨较少，因此将排水水位提高到最优高度可完全避免降雨径流的产生，从而有效降低氮磷流失风险。从氮磷流失形态来看，稻田排水水位优化对不同形态氮磷流失的阻控效果较为接近，ON-N 和 IN-N 流失量分别减少 24.00%～67.52%和 12.53%～62.16%，PP 和 TDP 流失量分别减少 24.00%～67.52%和 36.13%～62.16%。这是因为，ON-N 和 PP 容易被土壤颗粒吸附，通过土壤侵蚀流失；而 IN-N 和 TDP 易溶于水，随地表径流冲刷而流失（Ouyang et al.，2017b；Zhou et al.，2019）。提高排水水位后，强降雨对土壤表层的冲击降低，降雨径流量减少。因此，排水水位优化可同时降低由土壤侵蚀流失和径流水流失导致的不同形态氮磷流失。

4.5 本章小结

本章通过关键生育期淹水试验探究了水稻产量对淹水胁迫的响应，并获得了不影响水稻正常生长的排水水位阈值；通过全生育期排水优化试验分析了排水水位优化对稻田氮磷流失及产量的影响，揭示了排水水位优化对氮磷流失的阻控机理。本章主要结论如下：

（1）随淹水深度和淹水时间的增加，水稻相对产量逐渐下降。分蘖期和孕穗期对淹水胁迫的敏感性高于其他时期，灌浆期对淹水胁迫的敏感性最低。利用建立的水稻相对产量与淹水深度和淹水时间的多元回归方程，可以计算出各生育期不影响水稻产量的最大淹水深度。不减产条件下，分蘖期、拔节期、孕穗期和灌浆期，淹水 2 d 的最大淹水深度分别为 95 mm、239 mm、127 mm 和 300 mm。

（2）与常规管理相比，提高排水水位可以在保证水稻产量的同时，显著降低径流发生频率，降低径流量和氮磷流失量。并且，随排水水位的提高，氮磷流失的阻控效果增强。在不显著降低水稻产量的情况下，排水水位从 50mm 提高到 80～150mm 可以有效减少 27.97%～78.94%的地表径流量，TN 径流流失量降低 35.17%～67.95%，TP 径流流失量降低 22.60%～83.79%。排水水位优化后，强降雨对土壤表层的冲击降低，降雨径流减少，因此，由土壤侵蚀流失和径流水流失所引起的不同形态氮磷流失都能得到有效控制。

（3）通过对长江流域稻作区四个点位的历史气象数据分析得知，95%以上日降雨量小于 80 mm，降雨量＞150 mm 降水的重现期约高于 1000 d。因此，大部分生育期的排水水位可以设置为 80～150 mm 左右，当暴雨发生时，应适当提高排水水位，扩大稻田水容量，减少高风险期排水。

第5章 典型种植模式下稻田控水减排技术规范研究

5.1 引 言

稻田在田埂的保护下可以储存降雨和灌溉水形成田面水。只有遇到强降雨，雨量超过稻田蓄水容量时，田面水才会溢出田埂发生径流流失。因此，稻田系统被认为是世界上最大的人工湿地系统，可成为巨型的"生态蓄水库"，起到调节水文循环和滞洪防涝的作用（Yoshinaga et al.，2007；Krupa et al.，2011）。但目前，实际生产中往往忽视了稻田的蓄水、净化功能，粗放的灌排管理（如漫灌泡田、大水淹灌、强降雨后粗放排水等）加剧了稻田面源污染流失。通过科学化、规范化的稻田控水减排技术，实现稻田蓄水容量的扩容，是提高水肥利用率以及减少稻作流域农业面源污染的重要手段之一。

目前，稻田控水减排技术往往集中于优化灌溉管理（如控水泡田、干湿交替灌溉、控制灌溉、浅湿灌溉等）和排水管理（如控制雨后田面水位高度、雨水滞留时间）等某一项或多项技术在某些稻作流域的应用。虽然已有的技术标准对减少稻田灌排水量、扩大稻田蓄水容量、降低氮磷流失量发挥了重要作用，但是目前缺乏全国尺度上针对稻田氮磷流失风险期的稻田控水减排技术。如何在保证水稻正常生长的前提下，通过控制风险期的田面水位，充分发挥稻田的蓄水、净化功能，对稻田氮磷流失减排具有重要意义。特别是在排水管理环节，如何充分利用水稻耐淹性，提高雨后排水口高度，对于扩大稻田蓄水容量、减少氮磷流失量至关重要。因此，开展稻田控水减排技术规范的研究十分必要，且意义重大。

5.2 材料与方法

5.2.1 数据获取

系统查阅国内外稻田控水减排各类技术及实施效果方面的文献资料，相关法律法规和标准。例如，《标准化工作导则 第1部分：标准化文件的结构和起草规则》（GBT 1.1-2020）、《灌溉与排水工程设计标准》（GB 50288-2018）、《节水农业技术规范 总则》（NY/T 2625-2014）、《高标准农田建设通则》（GB/T

30600-2022)、《江苏省水稻节水灌溉技术》(DB32/T2950-2016)和《宁夏水稻节水高产控制灌溉技术规程》(DB64/T295-2004)等。认真梳理国家重点研发计划项目“水稻主产区氮磷流失综合防控技术与产品研发”和课题“稻田精准控水扩容技术研究”、国家科技支撑计划“东北规模集约化农区农业面源污染防控技术集成与示范”、博士后面上基金“稻作区田–沟–塘系统水量水质联合优化调控研究”等典型项目工作成果中关于稻田控水减排技术方面的相关研究成果。

5.2.2 数据分析与规范内容确定

整理分析已有国家、行业相关数据，确定适用于我国水稻主产区稻田控水减排相关内容技术参数的科学性及普适性。结合相关项目示范区的实施情况及其效果评价情况，与建设单位、施工单位、监理单位和技术支撑单位的相关人员进行交流，在以上基础上整理形成技术规范相关内容。在形成技术规范草稿后，多次进行专家研讨会对技术草稿进行讨论，完善技术规范草稿的内容。之后，对修改完善的草稿进行广泛征求意见，并按意见修改；最终，按审定意见修改，并确保技术内容符合国家相关法律法规和管理规定的要求。该技术规范规定了稻田控水减排防控氮磷流失的基本原则、田间工程要求、灌排技术要求。本章主要介绍稻田灌排技术要求中涉及的技术内容和关键参数的来源依据。

5.3 结果与讨论

5.3.1 不同稻区的风险期划分

我国水稻种植分布广泛，不同稻区的气候条件、水稻种植模式以及田间管理措施空间差异较大(张子璐等，2019)。根据水稻播种期、生长期和成熟期的不同，通常将水稻分为3种类型：北方单季稻、南方中稻和南方双季稻(早稻/晚稻)。按照水稻的种植模式，分为直播稻和移栽稻2种类型。基于中国农业科学院在多点位开展的水稻主产区全生育期氮磷流失监测结果(图5-1)，并经过与各地方科研单位和种植大户等相关人员进行深入交流和研讨后发现，不同稻区(北方稻区、南方稻区)的不同水稻种植模式(直播稻、移栽稻)在整地泡田期时，由于基肥施用比例高，导致泡田水中氮磷浓度较高；而在播栽前需要将田面水位降低到适宜水位进行栽播，插秧前人为排放泡田水，会导致大量的氮磷流失(路路等，2020)。因此，泡田期是稻田氮磷径流流失的风险期之一。

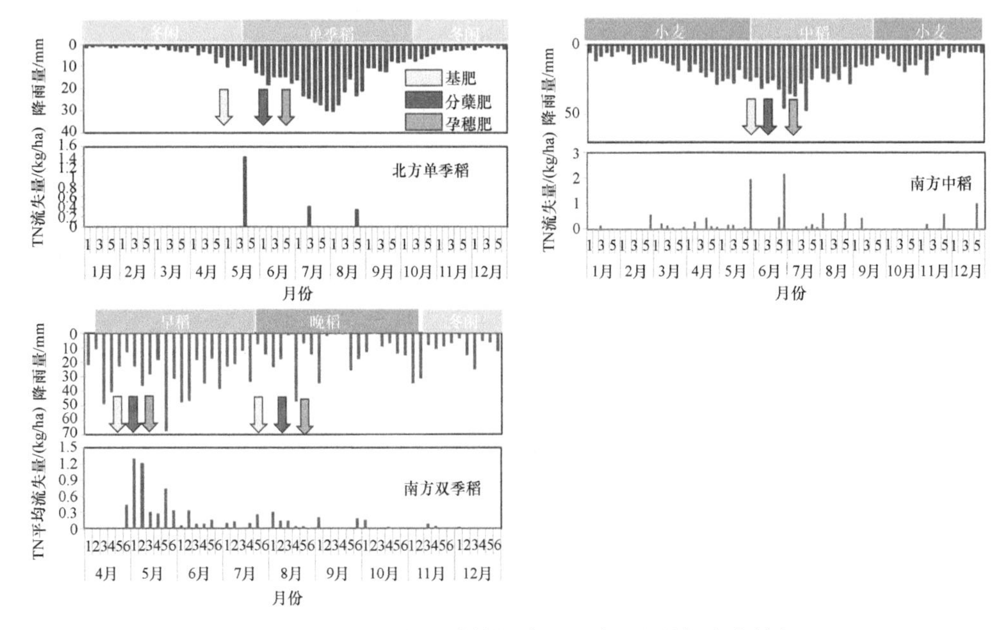

图 5-1　不同稻区水稻种植期降雨、施肥和总氮流失特征

直播稻是指种子直接播于大田进行栽培的一种种植制度（景德道等，2008），这种种植制度主要在北方单季稻、南方中稻和早稻季。直播稻可省去插秧工作，可减少劳动力和操作程序，而且相对移栽稻，直播稻不存在返青过程，生育期短。常规管理下，播种前需将田水排净，保持土壤湿润，播种至三叶期，切忌水层灌溉，以湿润灌溉为主（图 5-2）。北方稻区直播稻播种时间为 4 月下旬～5 月上旬，播种至三叶期不是北方的降雨期，故不存在氮磷流失风险；南方直播早稻和中稻的播种时间分别为 4 月上中旬和 5 月中旬，播种至三叶期为南方的降雨期，存在氮磷流失风险。

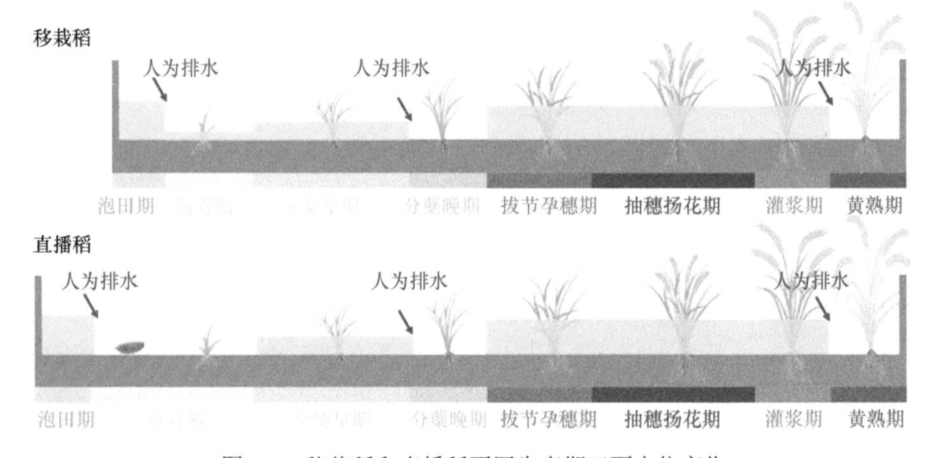

图 5-2　移栽稻和直播稻不同生育期田面水位变化

每次施肥后田面水中的氮磷浓度迅速升高并达到峰值，在施肥后 2 周，田面水中的氮磷浓度降至较低水平且维持稳定（张富林等，2019；陈静蕊等，2020）。如果在施肥后 2 周内遇到强降雨，高浓度的田面水随径流排出，会造成周边水体的严重污染。北方稻区，水稻生长期降雨量小且频率低，产生降雨径流的可能性小；南方稻区，水稻生长期降雨大且频率高，并有可能发生大暴雨，在施肥后发生降雨径流的可能性较大。因此，北方稻区追肥后的 2 周内不作为氮磷流失风险期；而南方稻区，施肥后 2 周内是稻田氮磷流失的风险期。由于气候、环境条件及农田管理水平差异，稻田施肥次数和比例略有差异，大部分地区氮肥分为基肥、分蘖肥和穗肥施用，磷肥一次性作为基肥施用（Lian et al.，2018；Hua et al.，2017）。通常移栽稻的返青期处于基肥施用后的 1～2 周内，综上所述，在南方稻区，返青期、蘖肥后 2 周、穗肥后 2 周，也为稻田氮磷流失的关键风险期，应重点关注这些时期内的稻田灌排管理。

5.3.2 风险期灌水技术要求

5.3.2.1 整地泡田的灌水技术要求

农民常规操作下，泡田期进行大水漫灌成为常态化，但为了浅水插秧或湿润播种，需要排掉超量的泡田水，造成水资源严重浪费和氮磷流失（董桂军等，2019；路路等，2020；牛世伟等，2020）。因此，应依据播种或移栽时田面水位要求、泡田天数、土壤渗漏状况、蒸发量、降雨量等条件确定泡田灌水深度，避免漫灌泡田带来的农田排水和养分流失。整地泡田期灌水深度可按照以下公式计算：

$$H=h_0+(s+e)\times t-p \tag{5-1}$$

式中：H 为泡田灌水深度，mm；h_0 为水稻播栽前适宜的田面水位深度，mm；s 为泡田期内稻田土壤日渗漏量，mm/d；e 为泡田期内田面平均蒸发强度，mm/d；t 为水稻播栽前泡田天数，d；p 为泡田期内降雨量，mm。

不同播栽模式下，播栽前的田面水位要求不同：机插稻适宜的田面水位深度宜为 5～10 mm，人工抛秧稻适宜的田面水位深度为 10～20 mm；人工插秧稻适宜的田面水位深度为 20～30 mm，直播稻适宜的田面水位深度为 0 mm。泡田期内稻田土壤日渗漏量，可根据当地灌溉试验站试验资料获取；泡田期内田面平均蒸发强度，可从当地气象站获取。

无统计资料或数据不易获取的地区参见表 5-1 选取泡田灌水深度。不同播栽方式下推荐值是根据郭元裕（1997）推荐的插秧前田面水位为 30～50 mm 条件下泡田期灌溉用水量计算得到（表 5-1）。

表 5-1　泡田灌水深度推荐值　（单位：mm）

播栽方式	土壤类型	泡田灌水深度
机插稻	黏土和黏壤土	50～80
	中壤土和砂壤土	80～140
	轻砂壤土	95～200
人工抛秧稻	黏土和砂壤土	55～90
	中壤土和砂壤土	85～150
	轻砂壤土	100～210
人工插秧稻	黏土和黏壤土	65～100
	中壤土和砂壤土	95～160
	轻砂壤土	110～220
直播稻	黏土和黏壤土	45～70
	中壤土和砂壤土	75～130
	轻砂壤土	90～190

5.3.2.2　直播稻播种至三叶期的灌水技术要求

对于直播稻，水稻播种后湿润出苗，严防田面积水，以免烂种烂芽，为满足水稻根系发育，三叶前保持稻田湿润（孙海正，2012），因此，播种至三叶期，应湿润灌溉，田面无水层。

5.3.2.3　返青期、蘖肥和穗肥后 2 周内的灌水技术要求

使田面水处于低水位运行的节水灌溉，能充分发挥稻田的蓄水功能，从而从源头上降低稻田氮磷流失（俞双恩等，2001；Zhuang et al.，2019）。因此，在南方稻区返青期、蘖肥和穗肥后 2 周内的风险期，应采取节水灌溉措施，尽量浅水灌溉，降低灌水水深。相比常规灌溉，节水灌溉能提高降雨蓄积能力和雨水利用率，减少地表径流量，从而降低稻田氮磷的流失（Ye et al.，2013；姜萍等，2013；周静雯等，2016）。目前，常用的灌溉技术有控制灌溉、间歇灌溉、浅湿灌溉和蓄雨灌溉等（俞双恩等，2001；茆智，2002；高焕芝等，2009）。Zhuang 等（2019）通过文献汇总方法选取了稻区的土壤属性、土壤肥力、气候条件、地下水位及坡度等作为不同灌溉技术筛选的关键指标，确定了我国稻田节水灌溉适宜性分区，结果表明，我国约 94%的稻区适合稻田节水灌溉技术，最适宜的节水灌溉技术是浅湿灌溉技术（90%）。根据全国稻田节水灌溉适宜性分区，全部实行节水灌溉制度后，水稻生产可节水 22%～26%，氮磷流失减少 32%～39%，水稻产量增加 5%～7%。根据已有研究基础及文献调研，确定了南方稻区返青期、蘖肥和穗肥后 2 周内灌溉后田面水位上限推荐值，每次灌溉不宜高于表 5-2 中的田面水位上限。

表 5-2　不同种植模式下关键风险期灌溉后田面水位上限推荐值（单位：mm）

关键风险期	中稻	早稻	晚稻
返青期	30	30	40
蘖肥后 2 周内	30	40	40
穗肥后 2 周内	40	40	40

1）返青期

主攻目标是促进早返青，最大田面水层深度以不超过最上全出叶的叶耳为度。否则，基部叶片失去生活机能反而会延迟返青。如果该时期缺水，会不易返青，且对后期水稻生长和产量都会产生影响。因此，返青期需保持浅水层管理，落干至湿润后再行灌溉（王建文等，2018；陈栋等，2020）。

（1）对于南方中稻，返青期需保持浅水层管理，田面水位保持 10～30 mm 浅水层。常规排水管理条件下的灌溉上限为 30～50 mm，而控制灌溉、薄露灌溉、湿润灌溉等优化灌溉条件下的灌溉上限为 20～30 mm（许怡等，2019；吴蕴玉等，2019；黄慧雯等，2019；王建文等，2018；夏超凡等，2020）。因此，推荐南方中稻返青期的灌溉后田面水位上限为 30 mm。

（2）对于南方早稻，常规灌溉管理、“薄、浅、湿、晒”、节水控灌等优化灌溉条件下，返青期的灌溉后田面水位上限为 30 mm（潘少斌等，2019；邓海龙等，2020；李如楠等，2020；罗维钢等，2020；谢亨旺等，2019）。

（3）对于南方晚稻，常规灌溉管理、“薄、浅、湿、晒”、节水控灌等优化灌溉条件下，返青期的灌溉后田面水位上限为 40 mm（潘少斌等，2019；邓海龙等，2020；李如楠等，2020；罗维钢等，2020；谢亨旺等，2019）。

2）蘖肥后 2 周内

（1）对于南方中稻，湖北荆州机插中稻分蘖期淹水测坑试验结果表明，机插稻适宜蓄水深度可设置为 40 mm（谢春娇等，2019）。另外，根据文献调查统计，常规灌溉管理条件下的灌溉上限水位为 40～60 mm，间歇灌溉、浅湿灌溉、湿润灌溉、勤水灌溉、薄露灌溉等优化灌溉条件下的灌溉上限为 20～30 mm（吴蕴玉等，2019；黄慧雯等，2019；陈栋等，2020；许怡等，2019；王建文等，2018；谢阳村等，2021）。因此，推荐南方中稻蘖肥后 2 周内灌溉后田面水位上限为 30 mm。

（2）对于南方早稻，常规灌溉管理条件下南方双季稻早稻分蘖期的灌溉上限的水位为 50～60 mm，“薄、浅、湿、晒”、节水控灌等优化灌溉条件下的灌溉上限为 10～40 mm；因此，推荐南方早稻蘖肥后 2 周内灌溉后田面水位上限为 40 mm。

（3）对于南方晚稻，常规灌溉条件下南方双季稻晚稻分蘖期的灌溉上限的水位为 50～60 mm，“薄、浅、湿、晒”、节水控灌等优化灌溉条件下灌溉上限的水位为 10～40 mm（邓海龙等，2020；谢亨旺等，2019；熊剑英和刘方平，2012；刘路广等，2020；李如楠等，2020；曹静静等，2016；罗维钢等，2020）。由于晚稻分蘖期气温较高，田间耗水量较大，分蘖肥后 2 周内单次 10 mm 的灌水量偏低，会导致灌水频率的增加，因此推荐南方晚稻蘖肥后 2 周内灌溉后田面水位上限为 40 mm。

3）穗肥后 2 周内

（1）对于南方中稻，常规灌溉条件下南方中稻拔节孕穗期的灌溉上限的水位为 40～60 mm，间歇灌溉、浅水勤灌溉、薄露灌溉等优化灌溉条件下的灌溉上限为 20～40 mm（王建文等，2018；陈栋等，2020；吴蕴玉等，2019；黄慧雯等，2019；刘路广等，2020）。因此，推荐南方稻穗肥后 2 周内灌溉后田面水位上限为 40 mm。

（2）对于南方早稻，常规灌溉管理条件下的灌溉上限的水位为 50～60 mm，“薄、浅、湿、晒”、节水控灌等优化灌溉条件下的灌溉上限为 20～40 mm（罗维钢等，2020；谢亨旺等，2019；熊剑英和刘方平，2012；刘路广等，2020；谢亨旺等，2019；李如楠等，2020；邓海龙等，2020；曹静静等，2016）。因此，推荐南方双季早稻和晚稻穗肥后 2 周内灌溉后田面水位上限为 40 mm。

（3）对于南方晚稻，常规灌溉管理条件下南方双季稻晚稻拔节孕穗期的灌溉上限的水位为 50～100 mm，“薄、浅、湿、晒”、节水控灌等优化灌溉条件下灌溉上限的水位为 20～40 mm（罗维钢等，2020；谢亨旺等，2019；熊剑英和刘方平，2012；刘路广等，2020；李如楠等，2020；谢亨旺等，2019；邓海龙等，2020；曹静静等，2016）。因此，推荐南方晚稻穗肥后 2 周内灌溉后田面水位上限为 40 mm。

5.3.2.4　预报有雨时灌水技术要求

最大限度有效利用降雨已经被认为是一个有效的节水灌溉策略。侯静文等（2013）通过对降雨预报准确度分析提出预报为中雨及以上量级降雨量时，应适当减少灌水定额以降低灌后遇雨形成的灌水浪费。根据降雨预报，考虑 3～5 d 的预报降雨，减少灌溉量，从而达到节水增产的目的（李远华等，1997；崔远来等，1999）。曹静静等（2016）通过收集桂林站早稻和晚稻生育期一周的气象预报数据和相应时段的气象观测数据，估算了间歇灌溉管理措施下的节水减排效果。结果表明，早晚稻平均降低灌水量 22.5 mm，平均降低排水量 32 mm 和 18 mm。根据预报降雨量调整灌溉时间及灌溉量可以避免因灌后遇雨造成的灌水浪费，从而减少灌溉用水量、排水量以及氮磷污染流失。

5.3.3 风险期排水技术要求

5.3.3.1 整地泡田的排水技术要求

人为排水是稻田氮磷流失的主要途径之一。由于基肥施用比例大，泡田期的人为排水将造成严重的氮磷流失风险，因此，为了最大程度地提高水分利用效率和减少不必要的氮磷流失，泡田整地后，田面水不应外排。

5.3.3.2 直播稻播种至三叶期的排水技术要求

对于直播稻，水稻播种后湿润出苗，严防田面积水，以免烂种烂芽，为满足水稻根系发育，三叶前保持稻田湿润（孙海正，2012）。如遇强降水应及时排除田面涝水，保证水稻的正常生长。

5.3.3.3 返青期、蘖肥和穗肥后 2 周内的排水技术要求

在不影响水稻生长前提下最大程度地利用稻田蓄积雨水，可减少稻田氮磷流失（俞双恩等，2018），这可以节约灌溉水量，亦可延长雨水在稻田的水力停留时间（王姣等，2018）。返青期、蘖肥和穗肥后 2 周内风险期，当田面蓄水超过水稻耐淹水深时，应在耐淹历时内排至允许蓄水深度。耐淹水深、耐淹历时和允许蓄水深度应根据当地或邻近地区试验资料分析确定；无试验资料，可按表 5-3 选取。

表 5-3 返青期、蘖肥后 2 周内和穗肥后 2 周内田面水位调控推荐值

种植模式		返青期	蘖肥后 2 周内	穗肥后 2 周内
早稻	耐淹水深/mm	50～70	120～150	200～250
	耐淹历时/d	2～4	3～5	4～6
	允许蓄水深度/mm	40	70	90
晚稻	耐淹水深/mm	60～80	130～160	200～250
	耐淹历时/d	1～3	3～5	4～6
	允许蓄水深度/mm	50	70	90
中稻	耐淹水深/mm	60～80	120～160	200～250
	耐淹历时/d	1～3	3～5	4～6
	允许蓄水深度/mm	50	60	100～150

1）返青期

（1）对于南方中稻，《灌溉与排水工程设计标准》（GB 50288）中规定，水稻返青期的耐淹水深为 30～50 mm，耐淹历时为 1～2 d。根据《农业水管理学》中

苏南地区水稻耐涝（淹）水深的推荐指标，返青期的 1 d、2 d、3 d 耐淹历时条件下的耐淹水深分别为 80 mm、60～70 mm、40～60 mm（康绍忠和蔡焕杰，1996）。根据文献调查统计，常规排水管理条件下的蓄雨上限为 40～50 mm，而浅湿灌溉、湿润灌溉等优化灌排条件下的蓄雨上限为 80 mm（黄慧雯等，2019；王建文等，2018；陈栋等，2020；刘路广等，2020）。因此，综合考虑推荐南方中稻返青期的耐淹水深为 60～80 mm，耐淹历时为 1～3 d，允许蓄水深度为 50 mm。

（2）对于南方早稻，针对降雨主要集中在早稻季，而水稻移栽后的返青期施肥较多的问题，江西高早稻主栽品种返青期耐淹时间和耐淹水位交互效应试验的研究结果表明，相同水位高度下，淹水 2～4 d 对株高无显著的影响，淹水时长延长至 6 d 时显著降低早稻株高；无论是淹水时长、水位高度或者二者的交互效应，对水稻最终的产量均无显著的降低效应。这表明，早稻在返青期可以承受水深在＜10 cm 且淹水时长≤4 d 的胁迫环境。

根据《农业水管理学》中苏南地区水稻耐涝（淹）水深的推荐指标，双季早稻返青期的 1 d、2 d、3 d 的耐淹历时条件下的耐淹水深分别约为 70 mm、50～65 mm、40～50 mm（康绍忠和蔡焕杰，1996）。根据文献调查统计，双季早稻返青期，常规管理下的蓄雨上限通常设置为 40 mm，蓄雨间歇灌溉、浅灌适蓄等灌排条件下蓄雨上限通常设置为 50～70 mm（曹静静等，2016；刘路广等，2019；邓海龙等，2020）。综合已有标准、文献及项目组开展的返青期淹水试验的结果，推荐南方双季早稻返青期的耐淹水深为 50～70 mm，耐淹历时为 2～4 d，允许蓄水深度为 40 mm。

（3）对于南方晚稻，根据《农业水管理学》中苏南地区水稻耐涝（淹）水深的推荐指标，返青期的 1 d、2 d、3 d 的耐淹历时条件下的耐淹水深分别约为 80 mm、60～70 mm、40～60 mm（康绍忠和蔡焕杰，1996）。根据文献调查统计，晚稻返青期蓄雨上限通常设置为 50～60 mm（谢亨旺等，2019；潘少斌等，2019；刘路广等，2020）。综合已有标准、文献结果，推荐南方双季晚稻返青期的耐淹水深为 60～80 mm，耐淹历时为 1～3 d，允许蓄水深度为 50 mm。

2）分蘖肥后 2 周内

（1）对于南方中稻，湖北荆州的分蘖期水位阈值试验结果表明，当遭遇大暴雨且允许减产 12%的条件下，160 mm 和 120 mm 分别为机插稻和直播稻的蓄水上限（谢春娇，2020）。《灌溉与排水工程设计标准中规定》（GB50288-2018），水稻分蘖期的耐淹水深为 60～100 mm，耐淹历时为 2～3 d。根据《农业水管理学》中苏南地区水稻耐涝（淹）水深的推荐指标，拔节孕穗期的 1 d、2 d、3 d 的耐淹历时条件下的耐淹水深分别约为 180～200 mm、160～180 mm、140～160 mm（康绍忠和蔡焕杰，1996）。根据文献调查统计，常规排水管理条件下的蓄雨上限为 50～80 mm，而优化排水条件下的蓄雨上限为 100 mm、150～180 mm 或 200 mm

（吴蕴玉等，2019；成威威，2018；许怡等，2019；王建文等，2018；陈栋等，2020）。综合已有标准、文献等结果，推荐南方中稻分蘖期的耐淹水深为 120～160 mm，耐淹历时为 3～5 d，允许蓄水深度为 60 mm。

（2）对于南方早稻，开展了江西双季稻区早稻主栽品种在分蘖期的耐淹时间和耐淹水位的及其交互效应的研究。分蘖期淹水深度设置 40 mm、80 mm、120 mm、160 mm 共 4 个水平，淹水时间设置 1 d、3 d、5 d、7 d、9 d 共 5 个水平，共 20 个处理。分蘖期，水深在 40～80 mm 时，淹水 3～7 d 处理的均能获得相对较高额水稻单产；水深升至 120 mm 时，水稻单株产量最高的处理为淹水 5 d 的处理，随后随着淹水时间的延长单株产量呈下降的趋势；当水深升至 160 mm 时，各淹水时段的水稻单株产量均低于相应的其他水深处理，因此，在早稻分蘖期，水稻可以承受最深高 120 mm 的水深，胁迫时段可持续 5 d 左右且不显著影响水稻产量。

根据《农业水管理学》中苏南地区水稻耐涝（淹）水深的推荐指标，双季早稻分蘖期的 1 d、2 d、3 d 的耐淹历时条件下的耐淹水深分别约为 150～180 mm、140～150 mm、120～140 mm（康绍忠和蔡焕杰，1996）。根据文献调查统计，常规灌溉管理、“薄、浅、湿、晒”、节水控灌等优化灌溉条件下，南方双季稻早稻分蘖期的蓄水上限水位通常设置为 30～70 mm。考虑蓄雨间歇灌溉的蓄水上限水位为 120 mm 或 150mm（罗维钢等，2020；谢亨旺等，2019；曹静静等，2016；熊剑英和刘方平，2012；邓海龙等，2020）。综合已有标准、文献、成果及项目组开展的分蘖期水位阈值试验的结果，推荐南方双季早稻分蘖期的耐淹水深为 120～150mm，耐淹历时为 3～5 d。根据《农田水利学》（郭元裕，1997），允许蓄水深度为 70 mm。

（3）对于南方晚稻，根据《农业水管理学》中苏南地区水稻耐涝（淹）水深的推荐指标，双季晚稻分蘖期的 1 d、2 d、3 d 的耐淹历时条件下的耐淹水深分别约为 180～200 mm、160～180 mm、140～160 mm（康绍忠和蔡焕杰，1996）。根据文献调查统计，常规灌溉管理、“薄、浅、湿、晒”、节水控灌等优化灌溉条件下，南方双季稻晚稻分蘖期的蓄水上限水位通常设置为 40～70 mm。考虑蓄雨间歇灌溉的蓄水上限水位为 130 mm 或 160 mm（邓海龙等，2020；谢亨旺等，2019；李如楠等，2020；熊剑英和刘方平，2012；曹静静等，2016；刘路广等，2020）。因此，推荐南方双季晚稻分蘖期的耐淹水深为 130～160mm，耐淹历时为 3～5 d。根据《农田水利学》（3 版）（郭元裕，1997），允许蓄水深度为 70 mm。

3）穗肥后 2 周内

（1）对于南方中稻，根据《灌溉与排水工程设计标准》（GB50288-2018）中规定，水稻孕穗期的耐淹水深为 200～250 mm，耐淹历时为 4～6 d；根据文献调查统计，孕穗期常规排水管理条件下的蓄雨上限为 60～100mm，而优化排水条件下的蓄雨上限为 120 mm、140 mm、150 mm、200 mm 或 350mm（王建文等，2018；陈栋等，2020；许怡等，2019；吴蕴玉等，2019；成威威，2018；黄慧雯等，2019；谢阳村等，2021）。综合已有标准、文献等资料，推荐南方中稻孕穗期的耐淹水深为 200～250mm，耐淹历时为 4～6d。常规管理条件下，中稻穗肥后允许蓄水深度为 100 mm；结合中稻生产实际，施穗肥后，强降水后出现高温天气时，从规避高温危害和控水扩容角度考虑，允许蓄水深度为 150 mm，因此中稻的允许蓄水深度为 100～150 mm。

（2）对于南方早稻，根据《灌溉与排水工程设计标准》（GB50288-2018）中规定，水稻孕穗期的耐淹水深为 200～250 mm，耐淹历时为 4～6 d；根据《农业水管理学》中苏南地区水稻耐涝（淹）水深的推荐指标，早稻拔节孕穗期的 1d、2d、3d 的耐淹历时条件下的耐淹水深分别约为 250～260 mm、220～230 mm、190～200 mm（康绍忠和蔡焕杰，1996）。根据文献调查统计，常规灌溉管理、“薄、浅、湿、晒”、节水控灌等优化灌溉条件下，南早稻拔节孕穗期的蓄水上限水位通常设置为 40～90 mm。考虑蓄雨间歇灌溉的蓄水上限水位为 145 mm 或 175mm（罗维钢等，2020；谢亨旺等，2019；曹静静等，2016；熊剑英和刘方平，2012；邓海龙等，2020）。综合已有标准、文献等资料，推荐早稻孕穗期的耐淹水深为 200～250mm，耐淹历时为 4～6 d。根据《农田水利学》（第三版）（郭元裕，1997），允许蓄水深度为 90 mm。

（3）对于南方晚稻，根据《灌溉与排水工程设计标准》（GB50288-2018）中规定，水稻孕穗期的耐淹水深为 200～250 mm，耐淹历时为 4～6 d；根据《农业水管理学》中苏南地区水稻耐涝（淹）水深的推荐指标，晚稻孕穗期的 1 d、2 d、3 d 的耐淹历时条件下的耐淹水深分别约为 250～260 mm、220～230 mm、190～200 mm（康绍忠和蔡焕杰，1996）。根据文献调查统计，常规灌溉管理、“薄、浅、湿、晒”、节水控灌等优化灌溉条件下，晚稻孕穗期的蓄水上限水位通常设置为 70～90 mm，考虑蓄雨间歇灌溉的蓄水上限水位为 90 mm 或 120 mm（谢亨旺等，2019；李如楠等，2020；熊剑英和刘方平，2012；曹静静等，2016；刘路广等，2020；邓海龙等，2020）。综合已有标准、文献等资料，推荐早稻孕穗期的耐淹水深为 200～250mm，耐淹历时为 4～6 d。根据《农田水利学》（第三版）（郭元裕，1997），允许蓄水深度为 90 mm。

5.3.4 非风险期灌排技术要求

5.3.4.1 非风险期的灌水技术要求

在大力实施国家农业节水行动的背景下，节水灌溉制度的推广面积越来越大。

若根据全国稻田节水灌溉适宜性分区，全部实行节水灌溉制度后，在保证水稻稳产的前提下，稻田氮磷流失减少 32%～39%（Zhuang et al.，2019）。因此，在风险期重点防控的基础上，非风险期宜根据当地条件选择适宜的节水灌溉模式，从而进一步防控稻田面源污染。

5.3.4.2 非风险期的排水技术要求

非风险，也宜在水稻耐淹能力范围内充分发挥稻田的蓄水功能，耐淹水深和耐淹历时应符合《灌溉与排水工程设计标准》（GB 50288-2018）中的规定。

5.4 本章小结

本章典型种植模式下稻田控水减排技术规范的研究主要是在保证水稻稳产的基础上，进一步提升稻田水肥利用率及面源污染防控能力。相关技术规范内容的制定采纳了现行标准中的一些技术参数，与现行的法律、法规也无冲突。主要技术内容如下：

（1）确定了不同稻区氮磷流失关键风险期。南方稻区：直播稻，风险期主要为整地泡田期、播种至三叶期和追肥后 2 周内；移栽稻，风险期主要为整地泡田期、返青期和追肥后 2 周内；北方稻区风险期主要为整地泡田期。

（2）确定了风险期和非风险期的灌排技术要求，推荐了关键风险期的耐淹水深、耐淹历时和允许蓄水深度。泡田期，依据播种或移栽时适宜田面水位深度等条件确定灌水深度，田面水不应主动外排。直播稻播种至三叶期，湿润灌溉，及时排除田面积水。返青期、蘖肥和穗肥后 2 周内，浅水灌溉，田面水位超过耐淹水深时，应在耐淹历时内排至允许蓄水深度。非风险期，选择适宜的节水灌溉模式，耐淹水深和耐淹历时应符合《灌溉与排水工程设计标准》（GB50288-2018）中的规定。

（3）稻田控水减排技术规范的广泛实施将具有较好的环境、社会和经济效益，可显著降低稻田氮磷流失，从源头上保证流域水环境质量；可以大幅度降低稻田氮磷向外界水体的排放，降低污水治理成本。同时，稻田水容量的增加节约了灌水量，提高了水肥利用率，降低了农业生产成本。

第6章　田间水分管理优化下我国稻田氮素径流流失减排潜力评估

6.1　引　　言

我国农业灌溉用水稀缺，水资源利用效率远低于发达国家（70%～90%）（Zhang et al.，2019b）。为满足日益增长的粮食需求，过量水肥施入到我国水稻生产中，导致较低的水分利用效率（50%）和氮素利用效率（24%～37%）（Zhang et al.，2019b）。很大一部分输入的氮素通过地表径流的形式流失，对稻作流域周边水环境造成了潜在风险（Van Grinsven et al.，2013）。稻田水分管理措施中，节水灌溉措施被认为是缓解水资源短缺的适当措施，并在世界各地得到越来越多的应用（Aziz et al.，2018）。若全国稻作流域均采用不同的节水灌溉措施，将有效地节约用水22.1%～26.4%、减少径流氮损失32.1%～39.1%和提高水稻产量5.4%～6.8%（Zhuang et al.，2019）。前面章节研究结果表明提高水稻关键生育期排水水位可以使地表径流量降低 27.97%～78.94%，氮磷径流流失量降低 22.60%～83.79%。对于我国氮肥施用量的研究表明，超过一半的稻田均有施肥过量的现象，若将施肥量设置为环境最优推荐施肥量，稻田氮素损失将降低21%～45%（Zhang et al.，2018）。因此，我国水稻的可持续生产面临着确保产量、降低水分消耗和面源氮素污染流失的巨大挑战。

考虑到氮素施用量、气候条件（如温度、降水）和土壤性质（如土壤类型、pH）的差异，很多学者已经对我国稻田氮素流失的时空分布进行了估算。然而，综合考虑水分和施肥协同优化管理下，我国稻田氮素径流流失时空分布的估算研究较为缺乏。在优化水分管理和氮肥施用的前提下，了解我国稻田氮素径流流失的时空变化及水肥优化后的减排潜力，对确保我国水稻生产的可持续发展具有重要意义。因此，本章研究的目的是：①分析中国稻田灌溉和氮素施用量的时空分布和变化趋势；②量化我国稻田氮素径流流失时空分布和变化趋势；③综合考虑优化水分和施肥管理的协同影响，评估我国稻田氮素径流流失的减排潜力。

6.2 材料与方法

6.2.1 数据获取

根据农业农村部（原农业部）颁布的《水稻优势区域布局规划（2008–2015年）》，我国水稻种植区分为东北平原、长江流域和东南沿海三大稻区。通过统计年鉴及文献查阅，估算各稻区稻田多年的化肥氮素施肥量和灌溉用水量费用。各省市稻田化学氮素施肥量数据从《全国农产品成本收益资料汇编》中获得（http://data.cnki.net/）；各省市水稻种植面积从《中国统计年鉴》中获得（http://data.cnki.net/yearbook/）。稻田灌溉用水量费用通过水稻种植面积乘以单位面积灌溉用水成本（元）计算得到。2004 年至 2015 年，各省水稻生长季的单位面积灌溉水成本来自国家农业生产成本和收入信息汇总（http：//data.cnki.net/）。

6.2.2 稻田氮素径流流失估算及优化情景分析

为了全面评估稻田水分和施肥管理优化对氮素径流流失减排的潜力，对三种情景下 2015 年我国稻田氮素径流流失量进行了估算。三种情景包括当前现状情景（Current）、以环境效益为导向的最优施肥管理情景（Optimal Fert）和最优施肥与田间排水优化情景（Optimal Fert+Drai）。Current 情景是假设统计年鉴中水稻产量是在常规施肥和田间排水（排水水位为 50 mm）管理下获得的产量。Optimal Fert 情景采用了 Zhang 等人研究中以环境效益为导向的最优施肥管理，并根据 Zhang 等人研究中已建立的水稻产量与氮肥用量的关系公式，计算了 Optimal Fert 情景下相应的水稻产量（Zhang et al.，2018）。Optimal Fert+Drai 情景下采用了 Zhang 等人研究中以环境效益为导向的最优施肥管理，水分管理是采用了本研究第 4 章中全生育期排水水位提高到 80 mm 的优化管理（Zhang et al.，2018）。这是因为，考虑到提高排水水位需要农民提高稻田田埂高度，将产生更多劳动力。根据第 4 章全生育期排水水位优化试验结果，排水水位设置为 80 mm 时，可以高效地减少径流发生次数和氮素径流流失。利用以下公式计算不同情景下的氮素径流流失量（Chen et al.，2014）：

$$N_{\text{runoff}} = RF_i \times 8.69 \times e^{0.0077 \times N_{\text{surplus}}} \qquad (6\text{-}1)$$

$$N_{\text{surplus}} = N_{\text{input}} - N_{\text{uptake}} \qquad (6\text{-}2)$$

式中，N_{runoff}是氮素径流流失量，kg N /ha；N_{surplus}是氮素盈余，kg N /ha；RF_i是排水水位为 80 mm 管理时的修正系数，根据第 4 章田间排水优化试验结果，80 mm 排水水位时氮素流失的修正系数为 35.17%；N_{input}是氮肥施用量，kg N/ha；N_{uptake}

是水稻对地上氮的吸收量，kg N/ha。通过水稻产量乘以生产一单位谷物所需的氮，可以计算水稻生长吸氮量（Chen et al.，2014）。

6.2.3　数据处理

使用 SPSS 20.0 和 Origin 9.0 软件包进行统计数据分析。利用 Pearson 相关系数估算研究期间水稻种植面积、化学氮肥施用量和氮素径流流失的空间变化率：

$$r_{xi}=\frac{\sum_{i=1}^{n}(x_i-\overline{x})(i-\overline{t})}{\sqrt{\sum_{i=1}^{n}(x_i-\overline{x})^2}\sqrt{\sum_{i=1}^{n}(i-\overline{t})^2}} \tag{6-3}$$

式中，r_{xi} 是水稻种植面积、化学氮肥施肥量、灌溉用水量费用、氮素径流流失与研究周期之间的皮尔逊相关系数；n 是总年数；t 为研究年份序列；$\overline{t}$ 是研究期的中位值；x_i 为水稻种植面积、化学氮肥施肥量、灌溉用水量费用、氮素径流流失量；$\overline{x}$ 是每年种植面积、化学氮肥施肥量、灌溉用水量费用、氮素径流流失量的平均值；r_{xi} 为正值，种植面积、化学氮肥施肥量、灌溉用水量费用、氮素径流流失量增加；r_{xi} 为负值时，种植面积、化学氮肥施肥量和氮素径流流失量降低。

6.3　结果与讨论

6.3.1　我国水稻种植、氮肥施用及灌溉用水时空分布

1979～2015 年，水稻种植面积以每年 0.27%的速度缓慢减少，但化学氮肥施用强度和灌溉用水量费用分别以每年 3.31%和 6.01%的速度增加（图 6-1）。水稻的种植模式变化较大，逐渐从双季稻转变为单季稻，稻田施肥量增加。为了确保全球粮食需求，未来可能会增加化肥使用量，以应对人口增长和耕地减少的问题（Ouyang et al.，2018b）。在未来全球变暖大背景下，预计稻田需水量将进一步增加（Ye et al.， 2015）。

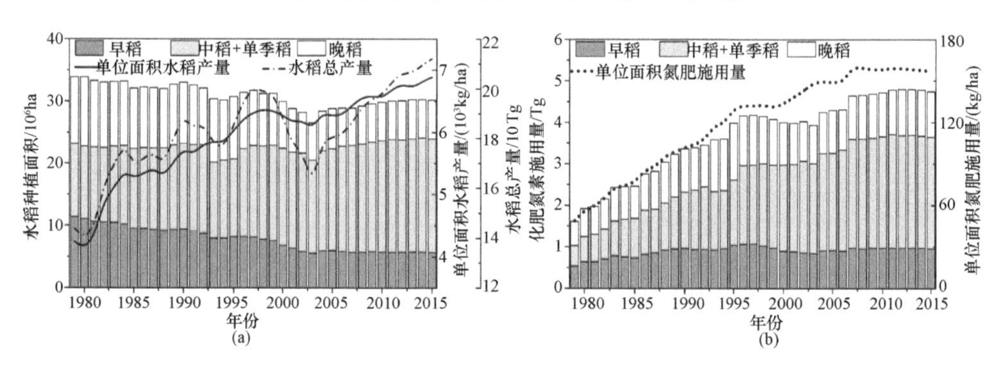

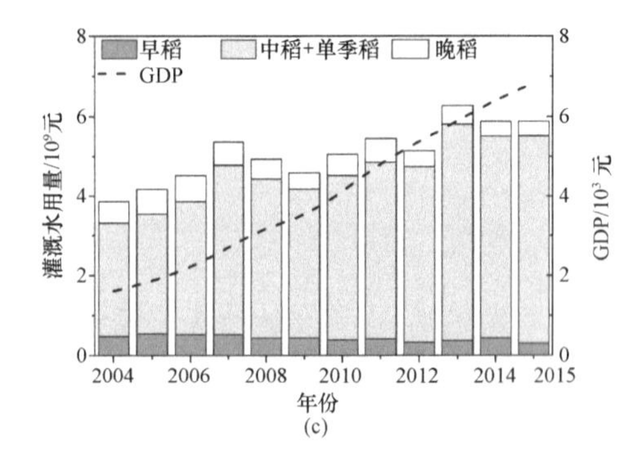

图 6-1 我国水稻种植面积（a）、化肥氮素施用量（b）和灌溉用水量费用（c）的时间变化趋势

如果不采用环境友好的水肥管理模式，水资源短缺可能会进一步加剧，大量氮素径流流失到周围水环境，对粮食安全和水环境安全造成潜在威胁。

2015 年我国各省水稻种植面积、化肥氮素施用量和灌溉用水量费用见表 6-1。三大稻区的种植面积、施肥量和灌溉用水量费用分别为 2.90×10^7ha/a、4.64×10^9kg/a、5.13×10^9 元/a，分别占全国总量的 98.09%、97.71%和 92.36%。长江流域水稻主产区种植面积和氮肥施用量比例最大，其次是东南沿海水稻主产区。虽然东北平原水稻主产区仅占全国水稻播种面积的 15.08%，氮肥用量占全国总量的 8.73%，但该地区稻田灌溉用水量费用最高，占总用灌溉用水量费用的 45.04%。

表 6-1 各省水稻种植面积、氮肥施用和灌溉用水量费用（2015 年）

区域	省份	化学氮肥施用量/(log kg/a)	种植面积/(log ha/a)	灌溉用水/(log 元/a)
I：东北平原稻作区	黑龙江（HLJ）	8.32	6.5	9.29
	辽宁（LN）	7.95	5.74	8.73
	吉林（JL）	8.04	5.88	6.87
II：长江流域稻作区	贵州（GZ）	7.89	3.65	6.72
	四川（SC）	8.52	6.3	8.39
	重庆（CQ）	8.03	5.84	7.92
	云南（YN）	8.34	6.05	8.25
	安徽（AH）	8.51	6.35	8.28
	湖南（HuN）	8.59	6.61	8.33
	湖北（HuB）	8.64	6.34	8.64
	江苏（JS）	8.56	6.36	8.59
	江西（JX）	8.49	6.52	8.31
	河南（HN）	8.1	5.82	8.52
III：东南沿海稻作区	上海（SH）	7.4	4.99	7.22
	浙江（ZJ）	8.33	5.92	7.58

续表

区域	省份	化学氮肥施用量/（log kg/a）	种植面积/（log ha/a）	灌溉用水/（log 元/a）
III：东南沿海稻作区	福建（FJ）	8.39	5.9	7.14
	广东（GD）	8.77	6.28	8.17
	广西（GX）	8.55	6.3	8.05
	海南（HN）	8.11	5.48	7.39
IV：其他区域	内蒙古（IM）	7	4.9	8.04
	北京（BJ）	4.91	2.3	4.94
	天津（TJ）	6.55	4.19	6.82
	河北（HeB）	7.18	4.93	7.57
	宁夏（NX）	7.13	4.87	7.94
	陕西（SaX）	7.49	5.09	7.79
	山西（SX）	4.86	2.85	5.48
	山东（SD）	7.31	5.07	7.56
	新疆（XJ）	7.11	4.82	7.89
	甘肃（GS）	5.68	3.65	6.72
	西藏（TB）	4.95	2.95	6.03

注：单位（log ha/a）表示每年 kg 的 log 值；单位（log ha/a）表示每年 ha 的 log 值；单位（log 元/a）表示每年元的 log 值。

统计分析了水稻种植面积、化学氮肥施用量和灌溉用水量费用的变化趋势（图 6-2）。结果表明，不同省份之间存在很大的空间异质性。就水稻种植面积而言，71.93%以上的区域呈下降趋势，尤其是东南沿海稻作区的大部分省份（上海、浙江、福建、广东和广西）。相比之下，东北平原稻作区（黑龙江、辽宁和吉林）以及安徽、重庆和湖南省的部分地区呈显著的增加趋势。除浙江、上海、山西和北京外，所有省份的化肥氮肥施用量均增加。由于各省份的水热条件、灌溉用水量和单位面积水价不同，全国约有 50%的地区呈现出灌溉用水量费用增加的趋势。其中，黑龙江省的灌溉用水量费用增长率（49.50%）显著高于其他省份；2004～2015 年，长江流域稻作区（如湖南、四川、江西）和东南沿海稻作区（如海南、广西和福建）部分地区的灌溉用水费用出现下降趋势。

6.3.2　我国稻田氮素径流流失时空动态变化

1979～2015 年我国稻田氮素径流流失量估算表明，在过去几十年间，中国的经济得到巨大的发展的同时，我国稻田氮素径流流失也相应地发生了巨大的改变（图 6-3）。我国稻田氮素径流流失总量在 1979～2015 年间呈现波动式增长，1979

年和 2015 年氮素径流流失量分别为 0.24 Tg/a 和 0.40 Tg/a，氮素径流流失量峰值出现在 2008 年，为 0.43 Tg/a。在 1979～2008 年间，氮素径流流失量年均增长率为 2.05%，然而在 2009～2015 年间，氮素径流流失量却以每年 0.29%的速度减少。相关分析表明，氮素径流流失量和氮肥施用量具有显著相关性（R^2=0.851，p<0.01）。由于长江流域稻作区水稻种植面积和化学氮肥施用量占比最大，因此该地区的氮素径流流失量最大。东北平原稻作区、长江流域稻作区和东南沿海稻作区的氮素径流流失量分别占全国氮素径流流失总量的 4.91%、51.16%和 42.00%。

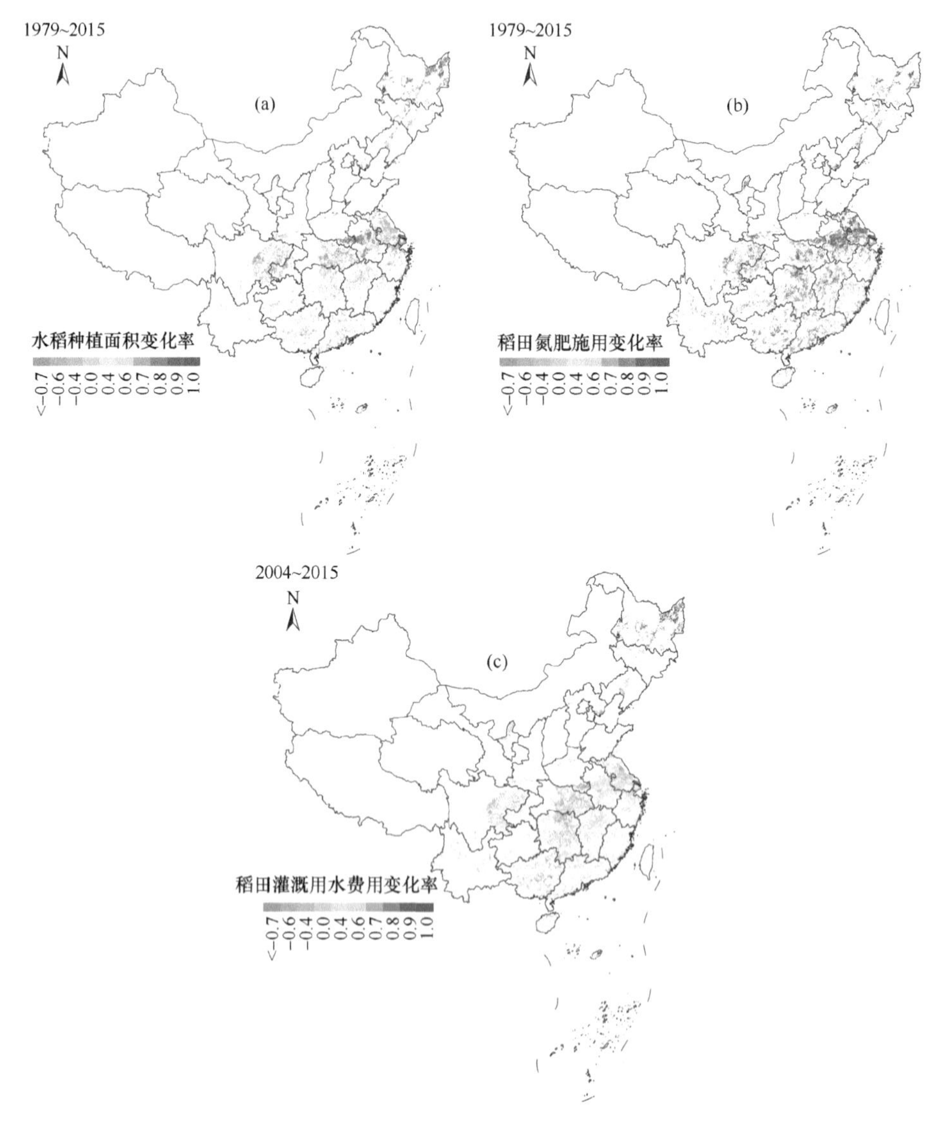

图 6-2　我国水稻种植面积（a）、化学氮肥施用量（b）和灌溉用水量费用（c）空间变化趋势

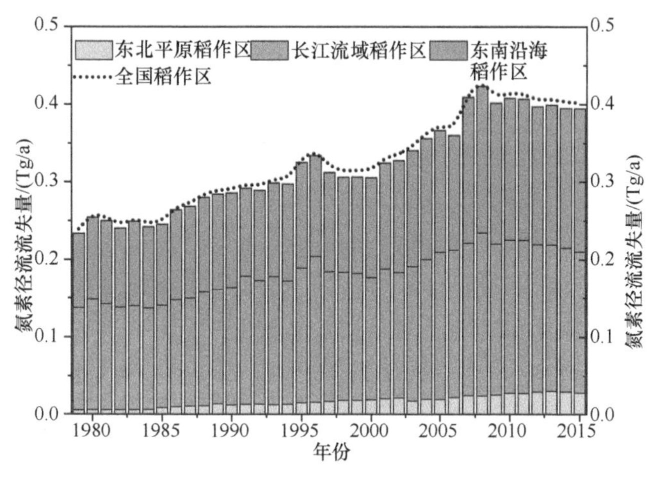

图 6-3　我国稻田氮素径流流失量时间变化趋势

根据全国土地利用变化数据，估算了 1979 年、1998 年、2003 年、2007 年和 2015 年五个典型年份稻田氮素径流流失强度的空间分布（图 6-4）。1979 年、1998 年、

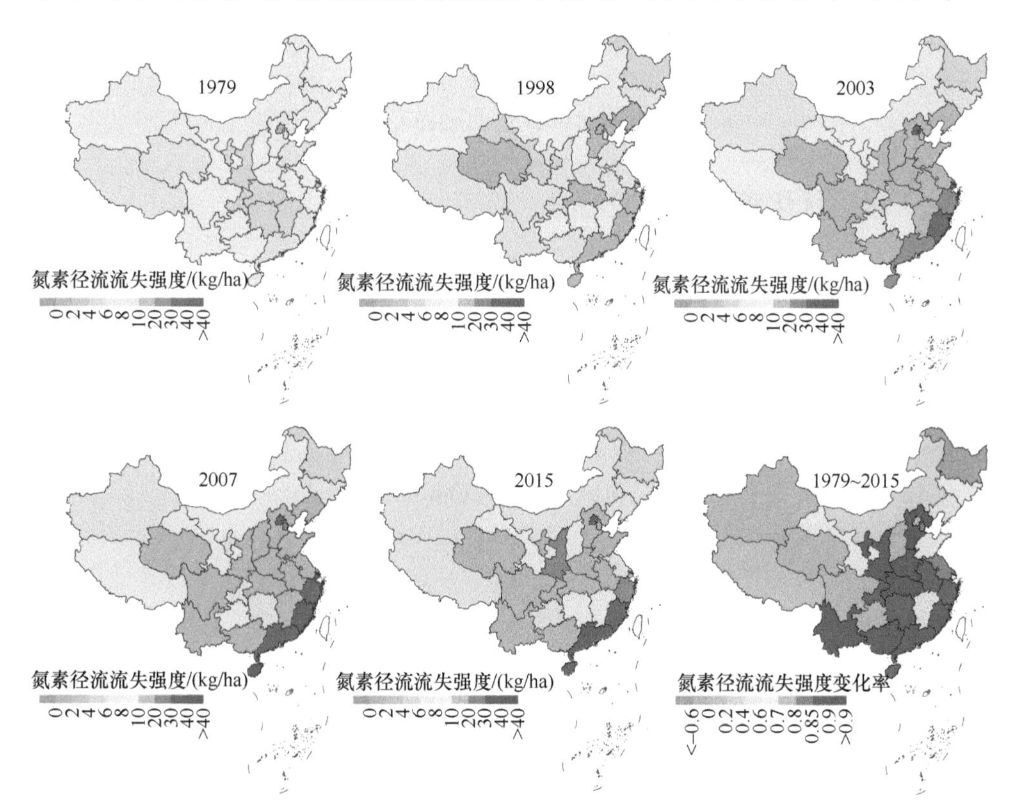

图 6-4　我国稻田氮素径流流失空间变化强度及变化率

2003 年、2007 年和 2015 年的全国氮素径流流失强度分别为 6.51 kg/ha、9.07 kg/ha、15.03 kg/ha、15.13 kg/ha 和 16.07 kg/ha。由于各省水稻种植面积、化学氮肥施用量和气象条件的差异，我国各地氮素径流流失强度表现出明显的空间异质性。长江流域和东南沿海稻田氮素径流流失量较大，2015 年平均氮素流失强度分别为 10.30 kg/ha 和 35.41 kg/ha，东北平原稻作区氮素流失平均强度为 7.58 kg/ha。其中，海南、广东、福建、浙江的氮素径流流失大于 20 kg/ha，为氮素径流流失的关键风险地区。稻田氮素流失的空间分布在很大程度上与施肥量相关，由于化学氮肥施用量的空间变异性，氮素流失强度分布不均。此外，气候因素（温度和降水）对氮素径流流失也有重要影响，水热效应既影响土壤氮素循环，也影响稻田氮素地表径流流失。气候变暖对农业生态系统有重大影响，在全球变暖条件下，随着气温的升高和极端降水量的增加，未来中国稻田的氮素径流流失可能会增加。

为了更好地了解稻田氮素径流流失情况，计算了 1979～2015 年氮素径流流失强度的变化趋势。与氮素施用量的变化趋势类似，大约 90%以上水稻种植区的氮素径流流失强度呈显著增加趋势，而在黑龙江省氮素径流流失强度呈下降趋势，这是因为虽然该省化肥氮素施用量和氮素径流流失量均呈增加趋势，但水稻种植面积呈现更强的增加趋势，导致氮素径流流失强度呈现一定的降低趋势。在长江流域稻作区和东南沿海稻作区，特别是福建、广东、云南、广西、湖北、浙江、重庆、安徽、湖南、海南等省份稻田氮素径流量呈现增加趋势。

6.3.3 水肥优化管理下我国稻田氮素径流流失减排潜力

与 Current 现状相比，最佳施肥（Optimal Fert）与最佳施肥和田间排水（Optimal Fert+Drai）措施对氮素径流流失防控有显著效果（图 6-5）。在 Current 情景下，2015 年氮素径流流失总量约为 433.30 Gg/a。在全国范围内，不同优化管理措施下，氮素径流流失减排潜力不同。相比 Current 现状情景，若采用最佳施肥（Optimal Fert）管理措施，化学氮肥用量可以降低 0.55 Tg/a 以上，氮素径流流失量可以减少 0.12 Tg/a；若采用最佳施肥和田间排水（Optimal Fert+Drai）管理后，氮素径流流失量可以降低 0.19 Tg/a。事实证明，减少稻田施氮量和优化水分管理是缓解稻田氮素径流流失的直接途径（Chen et al.，2014）。建议采用优化灌排管理措施替代大水漫灌和浅层排水，以提高稻田生态系统的用水效率、保护稻作区水环境安全（Aziz et al.，2018）。在本研究中，与单一管理相比，最佳施肥和田间排水综合管理措施可有效地减少 11.81%化学氮肥用量和 25.87%的氮素径流流失量。并且最佳施肥管理可以保证 95%～99%的水稻产量，并不会严重降低水稻产量，保障了水稻生产的粮食安全（Zhang et al.，2018）。因此，在中国广泛推广氮肥和水分优化管理，可以在保证水稻产量的同时，具有显著减少面源污染流失的潜力。

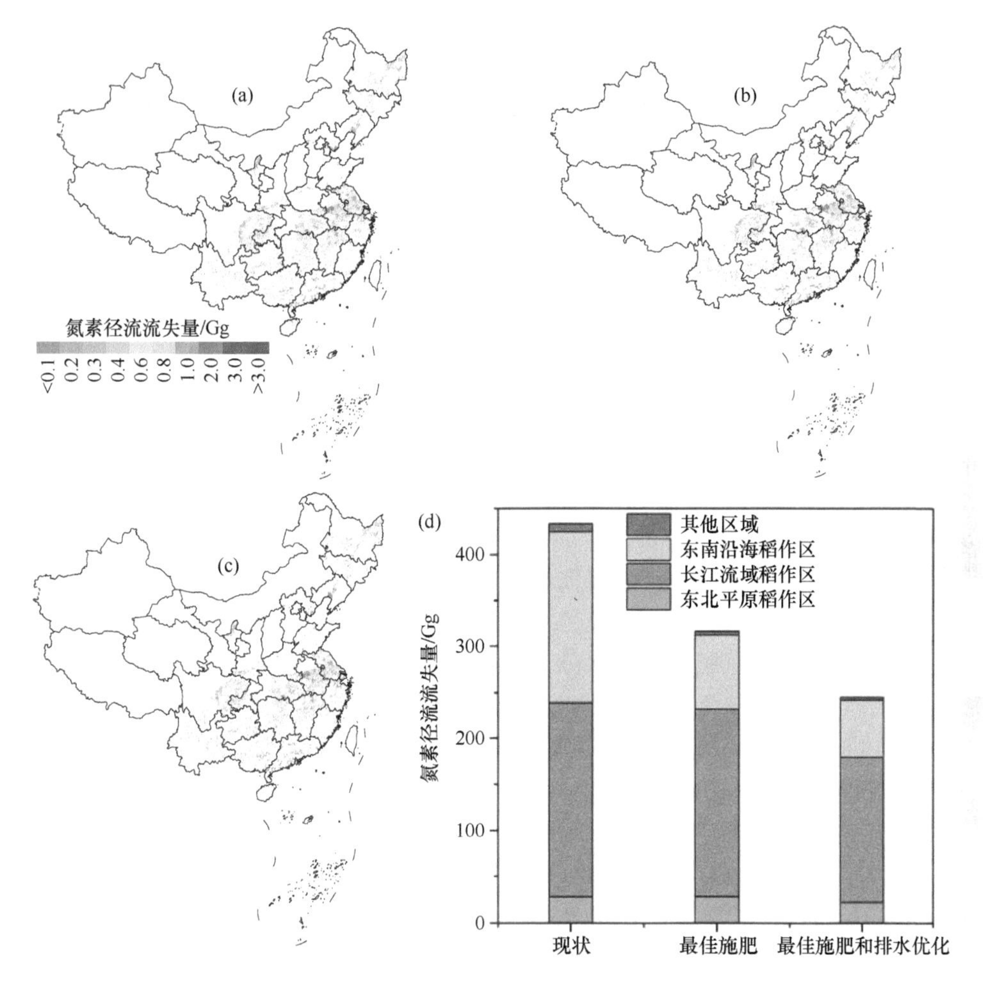

图 6-5　不同优化管理措施下稻田氮素径流流失减排潜力：现状情景（a）、最佳施肥情景（b）、最佳施肥和田间排水优化情景（c）、不同稻作区氮素径流流失量（d）

此外，在不同水稻主产区，氮素径流流失的减排潜力存在较大差异。虽然长江流域稻作区约占全国稻田氮素径流流失总量的一半，但最佳施肥和田间排水（Optimal Fert+Drai）管理在东南沿海稻作区的氮素径流流失减排潜力更好。具体而言，若采用最佳施肥和田间排水优化（Optimal Fert+Drai）措施，东南沿海、长江流域和东北平原稻作区的氮素径流流失量可以分别减少 66.55%、25.23% 和 22.00%。从我国不同稻作区氮素径流流失的减排潜力来看，若采用最佳施肥和田间排水综合管理措施，可以显著降低南方稻作区的氮素径流流失量。这是因为，南方的施肥率较高，而且水稻生长季的降雨量丰富，引发了大量的氮素径流流失。当实施最佳施肥和田间排水管理时，对氮素径流流失的减排效果更为明显。

6.3.4 我国稻田水肥管理优化措施的意义及应用前景

2022年中央一号文件指出，要确保农业稳产增产、深度节水控水，提升用水效率，加强农业面源污染综合治理。农业可持续生产既需要提高作物产量，也要保护水环境质量，当前水稻生产面临着保障粮食安全和水环境安全面临巨大挑战（Tilman et al.，2011）。大多数农民仍然认为，更多的肥料会保证更高的粮食产量，然而这将导致大量氮盈余和大量氮素流失（Ju et al.，2009）。已有前人研究表明，潜在产量和实际产量之间的差距无法通过增加化肥施用量来缩小（Cui et al.，2016）。此外，灌溉水量和灌溉水分生产率之间存在非线性、成反比的关系（Monaco and Sali，2018）。与连续淹水灌溉和浅层排水相比，优化灌排管理可以通过降低田间水层、提高稻田排水高度来增加稻田的蓄水容量，进而降低稻田氮素径流流失（Zhuang et al.，2019；Liu et al.，2021a）。本章研究表明，水肥优化综合措施，如采用环境最佳氮肥用量的施肥管理和优化田间排水管理，可以在保证水稻产量的同时，降低氮素施用量，并减少氮素径流流失量。

广泛实施优化氮肥施用和水分管理措施将有效促进水稻生产可持续发展。然而，由于一些农民缺乏肥料管理和水分管理以及环境保护方面的知识，以及其他技术、体制和社会经济因素的影响，稻作区水肥管理优化的广泛推广存在巨大的挑战（Huang et al.，2015）。建议从政府、科技人员及农民等多方面采取相应的措施，促进水肥优化管理的落实。政府管理部门可采取适当政策限制化肥使用，规范农田水管理，提供精准农业管理相关的技术培训（Good and Beatty，2011；Keating et al.，2010）。相关管理部门可以提供补偿措施，例如向降低肥料施用量和灌溉用水的农民发放相应补贴，并提供激励措施，以优化当前水肥管理措施（Lian et al.，2018）。如果广泛采用水肥优化管理措施，并结合其他措施（如施用缓释氮肥、根区氮素管理和先进的作物育种等），将有效保障我国水稻产量，降低水稻生产对周边水体的污染风险，促进我国水稻生产的可持续发展。

6.4 本章小结

本章对我国稻田氮素径流流失减排潜力进行研究，分析了我国水稻种植、化学氮肥施用量及灌溉用水量费用的时空分布，并估算了我国稻田氮素径流流失时空动态变化，评估了水肥优化管理下稻田氮素流失减排潜力，本章主要结论如下：

（1）1979～2015年，我国水稻种植面积以每年0.27%的速度缓慢减少，但肥料施用强度和灌溉用水费用分别以每年 3.31%和 6.01%的速度增加。未来粮食需求增加和气候变暖的大背景下，若不采用环境友好的水肥管理模式，大量氮素通过地表径流形式进入周边水环境，将对我国粮食安全和水环境安全造成潜在威胁。

（2）1979～2015 年，我国稻田氮素径流流失总量呈波动式增长，从 1979 年的 0.24 Tg/a，增长到 2015 年的 0.40 Tg/a，2008 年出现氮素径流流失量峰值 0.43 Tg/a。长江流域稻作区氮素径流流失量最大，占全国流失总量的 51.16%，东北平原和东南沿海稻作区分别占全国流失总量的 4.91%和 42.00%。

（3）在全国尺度上，减少稻田施氮量和优化水分管理是缓解稻田氮素径流流失的直接途径，具有较大的减排潜力。相比现状情景，若采用最佳施肥管理措施，化学氮肥用量可以降低 0.55 Tg/a 以上，氮素径流流失量可以减少 0.12 Tg/a；若采用最佳施肥和田间排水管理后，氮素径流流失量可以降低 0.19 Tg/a。

第 7 章　稻作流域沟塘系统对稻田面源污染流失的影响研究

7.1　引　　言

稻作流域沟塘系统作为农田与湖泊、河流之间的过渡带，既是上游农田氮磷污染物的“汇”又是下游受纳水体污染物的“源”，具有排水和生态湿地的双重作用（Soana et al.，2017；Shahbaz et al.，2007）。针对沟塘系统对农田氮磷流失的截留效果、截留机理以及影响截留效果的因素等方面，国内外学者开展了大量研究。由于不同地区水文及管理等差异，沟塘对氮磷流失截留效果存在较大差异。已有研究表明，沟渠对 TN 和 TP 流失削减率范围分别为 15.80%～94.00%和 8.10%～95.00%（Xiong et al.，2015；Kumwimba et al.，2018）；水塘对 TN 和 TP 流失削减率范围分别为 15.20%～22.00%和 6.5%～52.3%（何军等，2011；彭世彰等，2010）。在沟塘系统对氮磷截留的研究中，大部分是通过开展田间监测试验，分析进水口和出水口浓度变化来评估沟塘系统对氮磷流失的削减率。对于稻田排水过程和全生育期沟塘系统氮磷浓度动态变化规律的研究仍需进一步细化和加强。

因此，本章在长江流域典型稻作流域的田–沟–塘系统开展水质水量监测，对稻田排水过程及全生育期沟塘系统进行高频率取样监测，旨在：①探究稻田排水过程中沟塘系统的氮磷浓度动态变化规律；②分析全生育期田–沟–塘系统中氮磷浓度动态变化特征；③明晰沟塘系统对稻作流域排水及氮磷流失的影响。本章研究结果可深化沟塘系统对氮磷截留效果和截留机理的认识。

7.2　材料与方法

7.2.1　现场监测与样品采集

2018 年和 2019 年水稻生长季，在长江流域典型流域的田–沟–塘系统开展水质水量监测。该田–沟–塘系统内，分布着稻田、3 条沟渠（包括 2 条一级沟渠和 1 条二级沟渠）以及 1 个与二级沟渠相连的水塘。田、沟、塘分布情况及水质监测点具体位置见图 7-1。

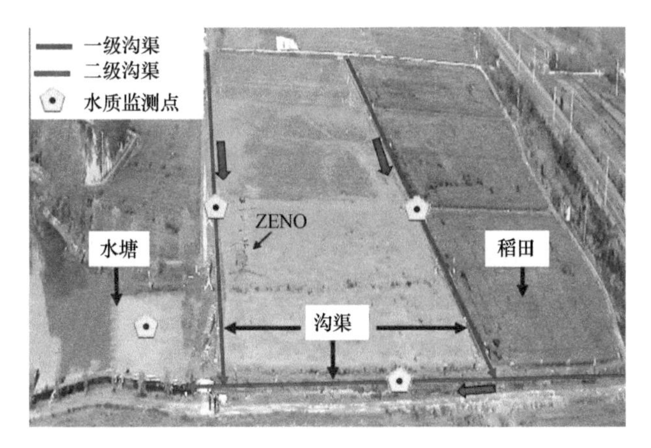

图 7-1　典型流域田–沟–塘系统水质水量监测点位

水质监测主要包括稻田排水过程中的高频率水质监测和全生育期常规水质监测。稻田排水过程中的水质监测是在每次人为晒田排水或降雨产流时，在排水过程中进行高频率取样。具体取样频率为：每次排水前取沟渠和水塘初始水样，田面开始排水后前 2 个小时的取样频率为每 20 min 一次，之后为每 2 h 一次，直到排水结束。全生育期常规水质监测是在泡田开始到水稻收获完整的生育期内对田面、沟渠和水塘的水质进行监测。施肥后 5 d 内每天取样，之后每隔 2 d 取一次水样。水样采集方法为：采用五点取样法采集田面水样，在沟塘水深 1/2 处采集沟塘水样（图 7-2（a））。另外，每次发生降雨、灌溉、稻田或沟塘系统排水时，进行取样；对稻田渗漏水进行取样，具体取样方法见第 3 章 3.2 节。

图 7-2　田–沟–塘系统水质（a）和水量（b）监测

水量监测包括降雨量、灌溉量、稻田排水量、沟塘系统排水量以及稻田渗漏水量的监测。降雨量是由安装在试验点的 ZENO 气象站记录；灌溉量是由安装在灌溉管道上的水表记录每次稻田的灌溉水量；稻田和沟塘系统的排水量是根据每次排水前和排水后，田面或沟塘的水位变化计算得到，试验点安装的水位尺见图 7-2（b）；稻田渗漏量是根据稻田水量平衡公式计算得到，具体计算方法已在第 3 章 3.2 节进行了详细介绍。

7.2.2 样品测定与分析

测定所采集水样中 TN、NO_3^--N、NH_4^+-N、ON-N、TP、TDP 和 PP 的含量，具体测定分析方法见第 3 章 3.2 节。

为了解田–沟–塘系统中，氮磷元素在各水分因子中的迁移特征，计算了稻田尺度和田–沟–塘系统尺度上，各水分因子的氮磷通量。本研究中考虑的水分因子包括降雨、灌溉、排水及渗漏。利用某一水分因子的水量乘以相应的氮磷浓度，即为该水分因子的氮磷通量（单位：kg/ha）。由于试验条件的限制，无法测定沟塘系统的氮磷渗漏量，因此本研究暂不考虑沟塘系统的氮磷渗漏。

7.3 结　　果

7.3.1 排水过程中氮磷浓度动态变化特征

由于取样条件限制，仅对 2018 年水稻插秧前的两次泡田水外排（5 月 27 日和 5 月 28 日）进行了高频率取样。稻田排水过程中，不同形态氮浓度的动态变化如图 7-3 所示。整体来看，随着水流的逐级传递，氮浓度表现为一级沟渠 > 二级沟渠 > 水塘。一级沟渠和二级沟渠中 NO_3^--N 浓度呈波动性变化，无明显浓度峰值；而 TN、ON-N 和 NH_4^+-N 浓度呈现先增加后下降的趋势，两次排水过程的浓度峰值出现时间稍有差异，5 月 27 日排水过程中一级沟渠和二级沟渠的浓度峰值出现在排水后 80 min，5 月 28 日排水过程中一级沟渠的浓度峰值出现在排水后 20 min，二级沟渠的浓度峰值出现在排水后 60 min。两次排水过程中，水塘中氮浓度变化不大，无明显浓度峰值。以上结果表明，稻田排水进入沟塘系统后，先在一级沟渠内进行第一次净化，随后流入二级沟渠进行第二次净化，最终汇入水塘进行最后的净化。因此，沟塘系统中氮浓度呈现随水流逐级递减的趋势。另外，两次排水过程中，氮的浓度均以 ON-N 和 NH_4^+-N 为主，NO_3^--N 浓度相对比较稳定，受稻田排水的影响较小。

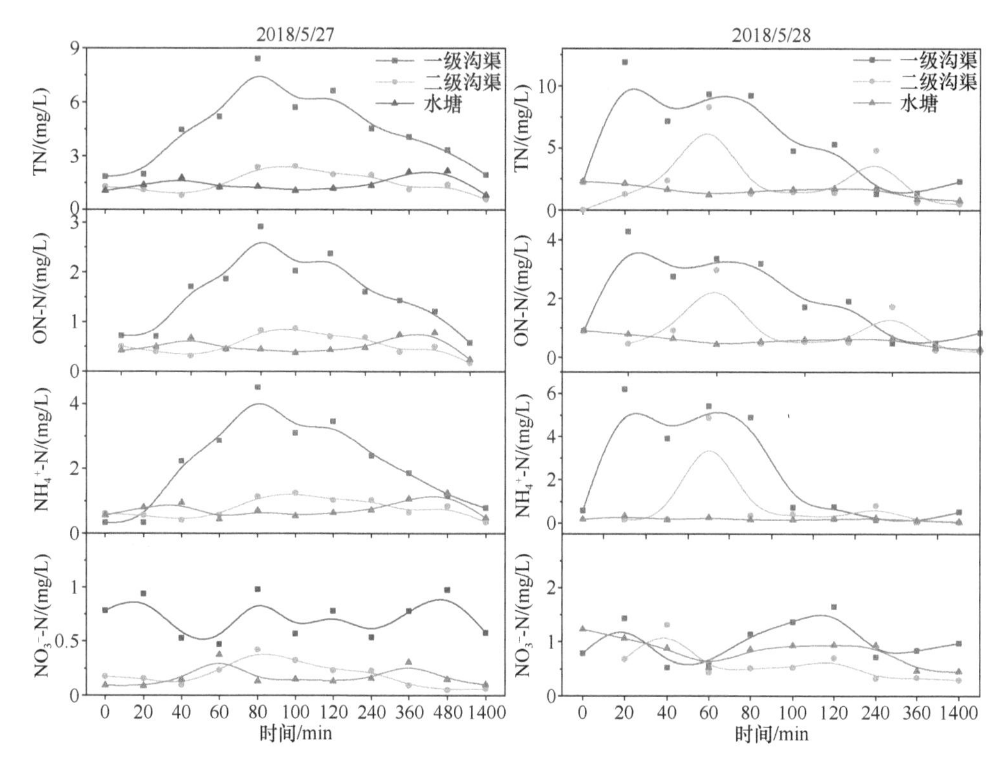

图 7-3　排水过程中沟塘系统氮浓度动态变化

稻田排水过程中，不同形态磷浓度的动态变化如图 7-4 所示。整体来看，随着水流的逐级传递，磷浓度表现为一级沟渠 > 二级沟渠 > 水塘。一级沟渠、二级沟渠和水塘中 TP 和 PP 浓度呈现先增加后下降的趋势，两次排水过程的浓度峰值出现时间稍有差异，5 月 27 日排水过程中一级沟渠、二级沟渠和水塘的浓度峰值均出现在排水后 20 min，而 5 月 28 日排水过程中一级沟渠、二级沟渠和水塘的浓度峰值分别出现在排水后 100 min、20 min 和 100 min。对于 TDP 浓度，5 月 27 日排水过程中浓度呈现增加的趋势，且二级沟渠在 120 min 出现浓度峰值；5 月 28 日排水过程中，一级沟渠在 60 min 出现峰值，二级沟渠和水塘中浓度呈现波动性变化，无明显峰值。整体上来说，两次排水过程中，磷的浓度均以 PP 为主。

为了更好地诠释排水过程中沟塘系统对稻田排水的截留效果，对沟渠、水塘和沟塘系统的氮磷平均削减率进行了计算(图 7-5)。削减率为某一时刻进水口(一级沟渠或二级沟渠）与出水口（二级沟渠或水塘）中氮磷浓度的差值除以进水中的浓度。从沟塘系统整体来看，氮磷的削减主要以 ON-N、NH_4^+-N 和 PP 为主。具体表现为，沟塘系统对 TN、ON-N、NH4$^+$-N 和 NO_3^--N 的平均削减率分别为 57.41%、62.64 %、66.18%和 22.22%，对 TP、PP 和 TDP 的平均削减率分别为 48.88%、

60.08%和 36.72%。从沟渠和水塘单环节来看，沟渠对氮素的削减率大于水塘，而沟渠和水塘对磷素的削减率相差不大。具体表现为，沟渠对 TN、ON-N、NH_4^+-N 和 NO_3^--N 的平均削减率分别为 47.86%、60.42%、69.57%和 41.34%，水塘的平均削减率分别为 21.65%、12.98 %、18.60%和 12.73%；沟渠对 TP、PP 和 TDP 的平均削减率分别为 30.35%、27.98%和 18.86%，水塘的平均削减率分别为 30.23%、33.42%和 37.37%。

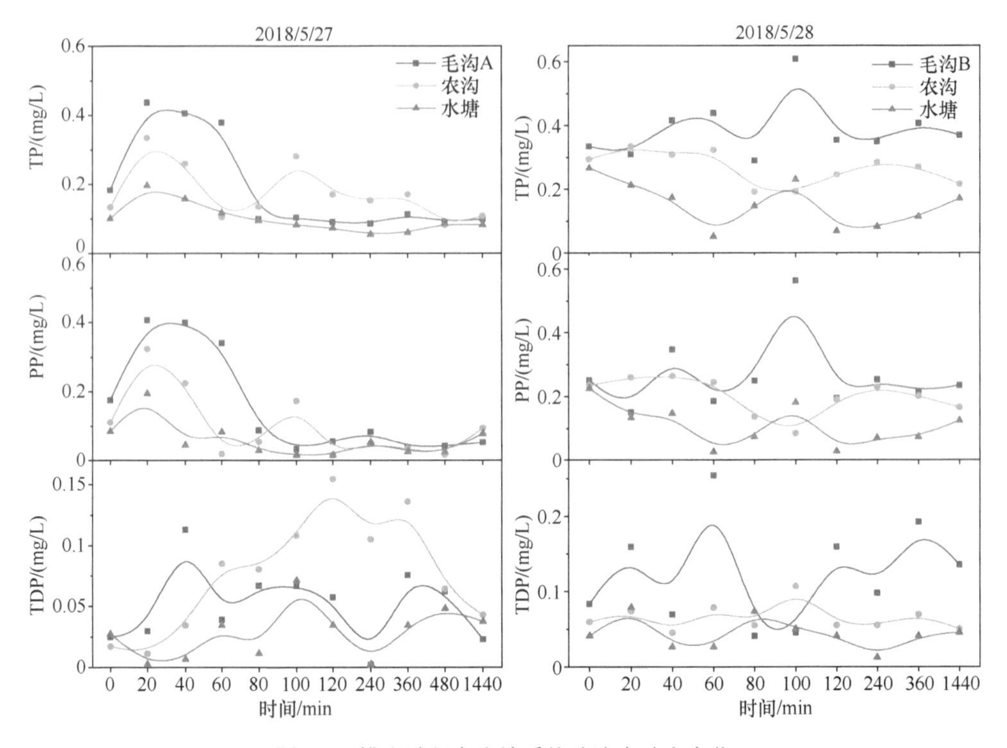

图 7-4　排水过程中沟塘系统磷浓度动态变化

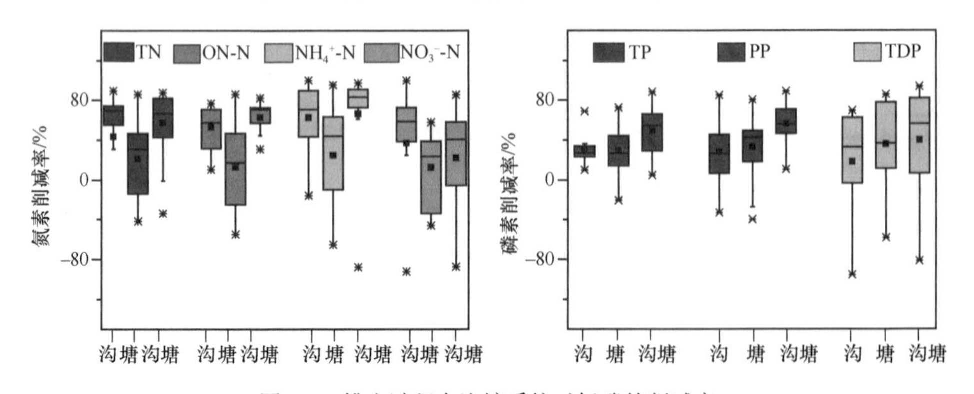

图 7-5　排水过程中沟塘系统对氮磷的削减率

7.3.2　全生育期氮磷浓度动态变化特征

7.3.2.1　氮浓度动态变化特征

水稻全生育期内水质监测结果表明，氮浓度整体表现为田面 > 一级沟渠 > 二级沟渠 > 水塘（图 7-6）。整个生育期，田面、一级沟渠、二级沟渠和水塘中 TN 浓度范围分别为 0.80～44.73 mg/L、0.75～14.74 mg/L、0.72～9.63 mg/L 和 0.55～4.57 mg/L，平均值分别为 5.04 mg/L、3.22 mg/L、2.67 mg/L 和 1.56 mg/L。与田面相比，一级沟渠、二级沟渠和水塘中 TN 浓度分别降低了 36.21%、46.96%和 69.01%，ON-N 浓度分别降低了 25.70%、71.36%和 87.49%，NH_4^+-N 浓度分别降低了 47.98%、31.55%和 76.40%，NO_3^--N 浓度分别降低了 27.5%、11.23%和 30.17 %。随水稻生长，氮浓度呈逐渐降低趋势。水稻生长前期（返青、分蘖和拔节孕穗期），氮浓度较高且波动较大；抽穗扬花期后，氮浓度较低且波动较小。水稻生长前期氮浓度较大

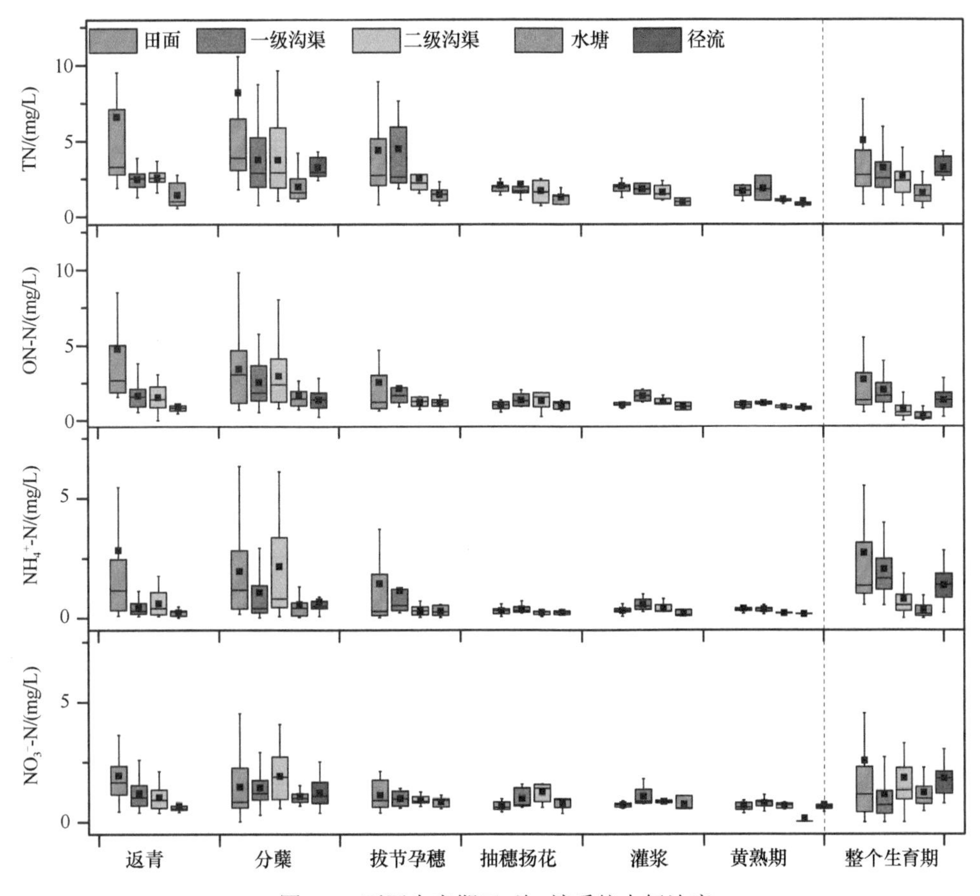

图 7-6　不同生育期田–沟–塘系统中氮浓度

的原因是这三个时期为基肥、分蘖肥和穗肥施用期，肥料施入稻田后，在水分运移的影响下，沟塘系统中氮浓度有一定程度提高。与径流水相比，水塘中 TN、ON-N、NH_4^+-N 和 NO_3^--N 浓度分别降低 51.81%、74.90%、48.11%和 28.14%。以上结果说明，沟塘系统能有效降低稻作流域田面水中的氮浓度，对田面水和径流水中的氮素起到一定的截留作用，可降低稻作流域排水给周边水体带来的环境风险。

田–沟–塘系统中不同形态氮浓度占比分析结果表明，随水稻生长，田面水中 ON-N 占比逐渐增加，NH_4^+-N 和 NO_3^--N 占比逐渐降低（图 7-7）。这是因为，水稻生长前期有三次施肥，施肥后田面水中 NH_4^+-N 浓度迅速增加，导致 ON-N 占比较低。随水稻生长，NH_4^+-N 被作物吸收或以气态氨挥发的形式流失，ON-N 占比逐渐增大。一级沟渠中不同形态的氮占比呈波动性变化，前期以 NH_4^+-N 和 NO_3^--N 为主，后期以 ON-N 为主。这是因为，前期施肥后稻田水的侧向流失导致一级沟渠中 NH_4^+-N 和 NO_3^--N 浓度增加，而后期田面水以 ON-N 为主，NH_4^+-N 和 NO_3^--N 的侧向流失减少，导致一级沟渠中氮以 ON-N 为主。二级沟渠中氮以 NO_3^--N 为主，平均占比为 50.87%，而 ON-N 平均占仅为 27.84%；特别是生育后期，NO_3^--N 平均占比可达到 59.74%，而 ON-N 平均占降低为 20.03%。水塘中不同形态氮浓度与二级沟渠的趋势相似，亦表现为以 NO_3^--N 为主。随着水稻生长，水塘中 ON-N 占比从 22.71%降低到 8.80%，而 NO_3^--N 占比从 52.22%增加到 72.46%。

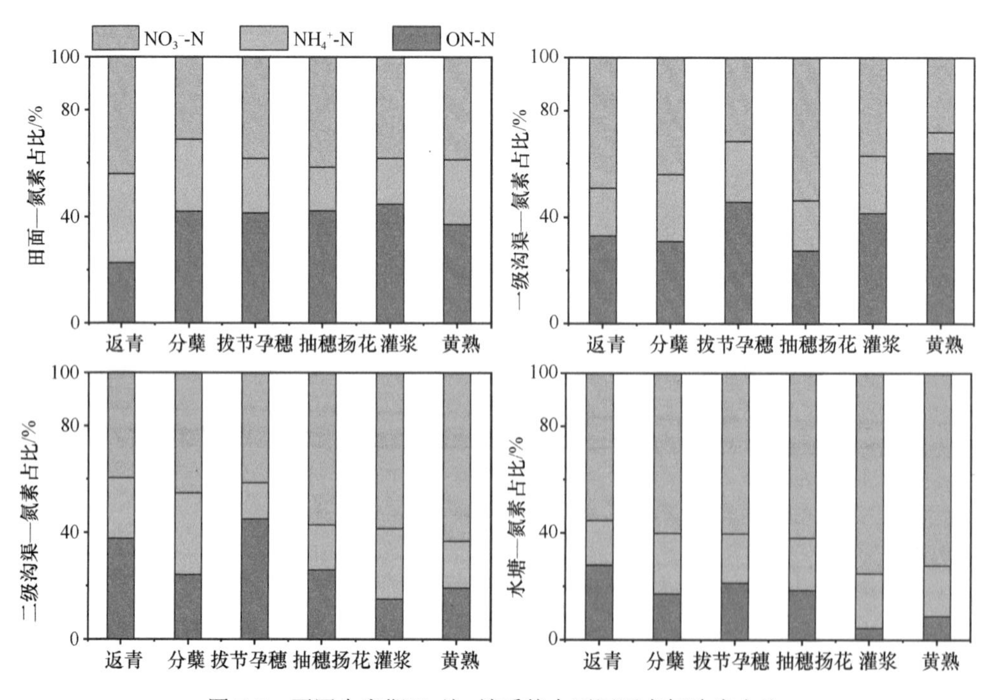

图 7-7 不同生育期田–沟–塘系统中不同形态氮浓度占比

这说明随水流的逐级传递，田–沟–塘系统中氮素被逐级净化，大部分 ON-N 在沉降、硝化、反硝化等作用下逐渐减少。综上所述，在水稻整个生育期内，沟塘系统对氮素削减主要以 ON-N 为主，这与稻田排水过程中沟塘系统对氮素削减的结果基本一致。

通过田–沟–塘系统水质动态变化分析得知，施肥是影响水质变化的主要原因。为更深入地诠释施肥后田–沟–塘系统水质的动态变化，将施肥后 20 d 内田、沟和塘中 TN 浓度进行了汇总分析（图 7-8）。结果表明，施肥后，沟塘系统氮浓度显著低于田面水，且峰值出现时间滞后。田面水在施肥后第 1 d 立刻出现浓度峰值，随后急剧下降；沟渠和水塘中浓度峰值分别出现在施肥后第 2～4 d 和第 8 d。沟渠 TN 浓度峰值出现在第 2～4 d，主要因为施肥后稻田水向沟渠的侧向渗漏导致。水塘中 TN 浓度峰值出现在第 8 d，主要因为泡田期结束后的人为主动排水导致。

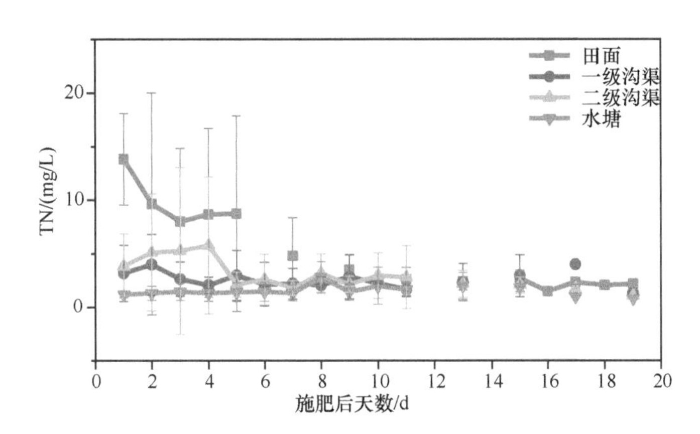

图 7-8　施肥后 20 d 内田–沟–塘系统中总氮浓度动态变化

7.3.2.2　磷浓度动态变化特征

田–沟–塘系统中磷浓度整体表现为田面 > 一级沟渠 > 二级沟渠 > 水塘（图 7-9）。生育期内，田面、一级沟渠、二级沟渠和水塘中 TP 浓度范围分别为 0.04～1.88 mg/L、0.07～0.89 mg/L、0.02～0.51 mg/L 和 0.02～0.32 mg/L，平均值分别为 0.23 mg/L、0.19 mg/L、0.18 mg/L 和 0.12 mg/L。与田面相比，一级沟渠、二级沟渠和水塘中 TP 浓度分别降低 20.70%、16.40%和 46.13%，PP 浓度分别降低 24.33%、11.05%和 39.90%，TDP 浓度分别降低 29.05%、11.31%和 48.08%。在水稻生长前期磷浓度较高且波动较大，抽穗扬花期后磷浓度较低且波动较小。另外，水塘中 TP、PP 和 TDP 浓度比径流水中的浓度分别低 45.98%、34.42%和 55.97%。以上结果说明，沟塘系统对田面水和径流水中的磷素起到一定程度的截留作用。

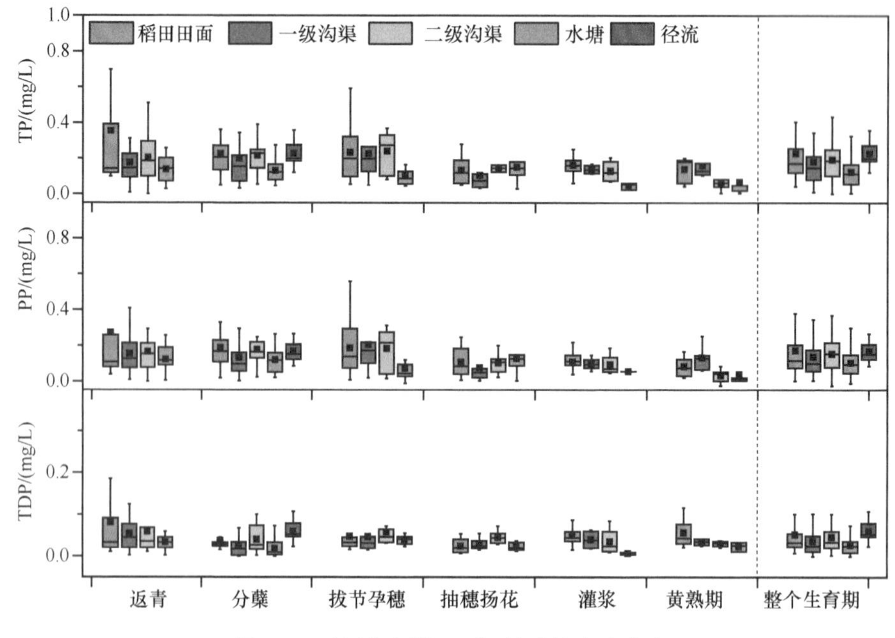

图 7-9 不同生育期田–沟–塘系统中磷浓度

田–沟–塘系统中磷浓度占比结果表明，随水稻的生长，田面水中 PP 占比逐渐降低，TDP 占比逐渐增加，水稻生长前期 PP 占比均值为 73.75%，后期均值为 63.69%（图 7-10）。沟渠中各形态磷占比呈现波动性变化，均以 PP 为主，整个生育期沟渠中 PP 占比均值为 67.51%。随着水稻生长，水塘中 PP 占比从 70.52%降低到 55.42%，而 TDP 占比从 29.48%增加到 44.58%。从整个田–沟–塘系统来看，PP 占比整体表现为田面 > 沟渠 > 水塘。随着水稻生长，田–沟–塘系统中磷素被逐级净化，大部分 PP 在沉降、吸附等作用下逐渐减少，使生育后期出口水塘的 TDP 占比增加。也就是说，整个生育期内，沟塘系统对磷削减主要以 PP 为主，这与稻田排水过程中沟塘对磷素削减的结果一致。

施肥后 20 d 内，田–沟–塘系统水中 TP 浓度如图 7-11 所示。与施肥后 TN 浓度动态变化规律相似，施肥后沟塘系统中磷浓度显著低于田面水，且峰值出现时间滞后。田面水在施肥后第 1 d 立刻出现浓度峰值，随后急剧下降；沟渠中 TP 浓度峰值出现在施肥后第 3～4 d；水塘中 TP 浓度峰值出现在施肥后第 7 d。与 TN 浓度动态变化的原因相同，沟渠中 TP 浓度峰值的出现主要是因为施肥后田面水侧向流失导致。水塘中 TP 浓度峰值主要是因为在泡田期结束后的人为主动排水所导致。因为水稻生长季磷肥全部作为基肥施用。因此，田–沟–塘系统水中 TP 浓度较为稳定，波动较小，且浓度值较低。

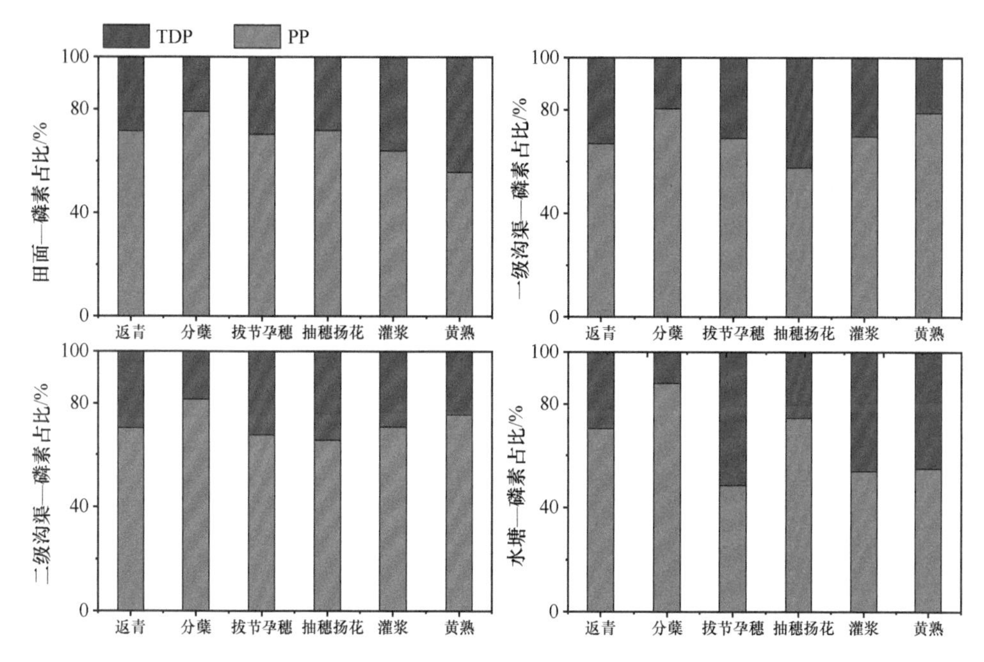

图 7-10　不同生育期田–沟–塘系统中不同形态磷浓度

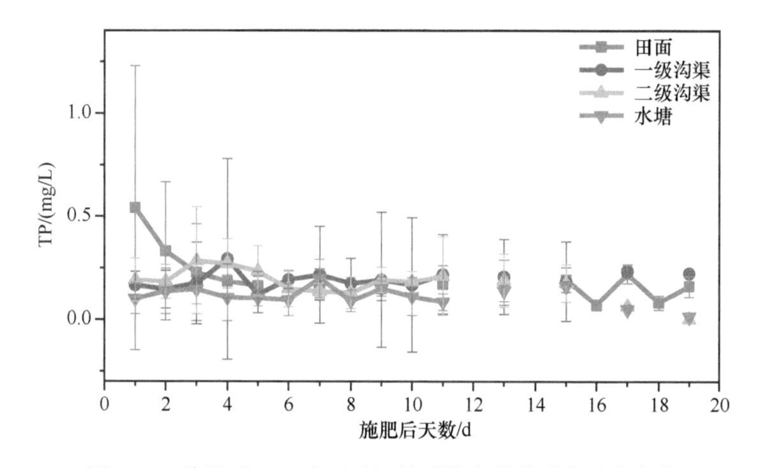

图 7-11　施肥后 20 d 内田–沟–塘系统中总磷浓度动态变化

7.3.3　全生育期排水量及氮磷流失量

稻田尺度和田–沟–塘系统尺度排水量及氮磷流失量见图 7-12。2018～2019 年水稻季，稻田有 7 次排水，其中包括 3 次泡田排水（2018 年 5 月 27 日，5 月 28 日以及 2019 年 6 月 3 日）；而田–沟–塘系统仅有 4 次排水。两个水稻生长季内，田–沟–塘系统尺度排水量比稻田尺度降低 52.48%。沟塘的存在显著降低了排水量，因此田–沟–塘系统尺度氮磷流失量也显著低于稻田尺度流失量。两个水稻生长季内，田–沟–塘系统尺度 TN 和 TP 流失量比稻田尺度流失量分别降低了 48.62% 和 36.88%，说明沟塘系统的存在显著降低了稻作流域的排水量和氮磷流失量。

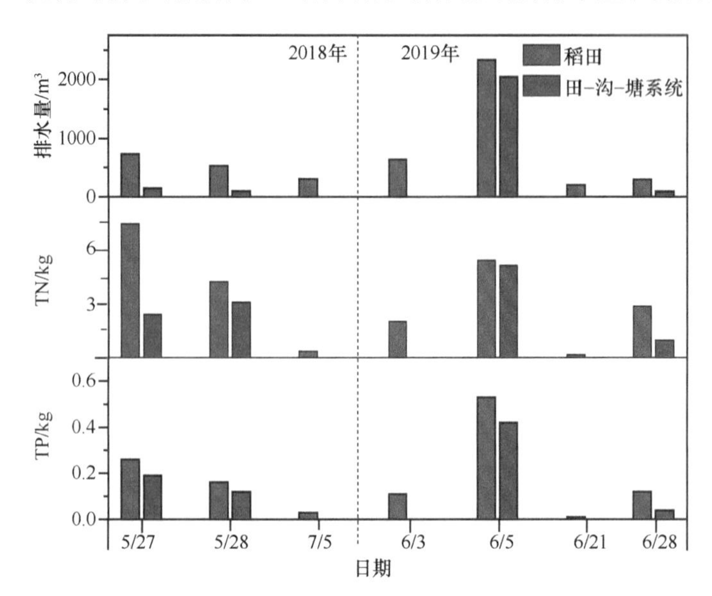

图 7-12 稻田尺度和田–沟–塘系统尺度的排水量和氮磷流失量

为了进一步理解沟塘系统对氮磷流失的阻控效果，从稻田和田–沟–塘系统两个尺度，分别计算了各水分因子的氮磷通量（图 7-13）。结果表明，TN 和 TP 灌溉输入量为 11.11 kg/ha 和 0.95 kg/ha，均大于降雨带入的氮磷输入量。这是因为，监测

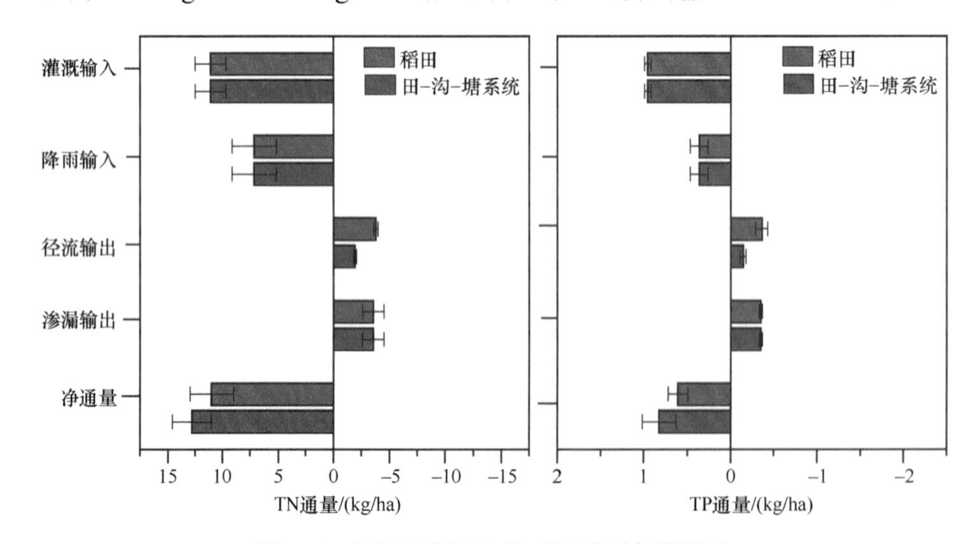

图 7-13 稻田尺度和田–沟–塘尺度的氮磷通量

期间降雨量较少，灌溉水量输入较多，导致大部分氮磷输入来源为灌溉。对于氮磷输出通量来说，稻田尺度上，TN 和 TP 径流输出量分别为 3.75 kg/ha 和 0.20 kg/ha；田–沟–塘尺度上，TN 和 TP 径流输出量分别为 1.93 kg/ha 和 0.13 kg/ha。整体来说，在稻田尺度和田–沟–塘系统尺度，水分的氮磷净通量（输入–输出）均为正值，说明稻作流域对氮磷具有一定的容纳能力。整个水稻生育期，稻田尺度上保留了 11.54 kg/ha 的 TN，0.35 kg/ha 的 TP；田–沟–塘系统尺度上保留了 12.69 kg/ha 的 TN，0.74 kg/ha 的 TP。以上分析说明沟塘系统的存在减少了稻田直接排水所导致的氮磷流失，提高了稻作流域对氮磷的容纳能力。

7.3.4　沟塘系统氮磷削减率与其他研究的比较

在不同管理条件下，沟塘系统对农田排水中氮磷流失的削减率存在一定差异。为了更好地了解沟塘系统对氮磷流失的截留效果，将本研究在稻田排水过程中获得的平均氮磷削减率与其他研究结果进行了对比分析。结果表明，本研究获得的沟渠 TN 和 TP 削减率处于中等水平（图 7-14）。为了更清晰地比较不同条件下的差异，对所收集的数据进行了分类，分为植草沟渠或无草沟渠以及田间尺度或流域尺度。由图 7-14 可知，植草沟渠的 TN 和 TP 削减率（52.01%和 44.36%）显著高于无草沟渠（26.79%和 20.26%）。田间尺度上，沟渠的 TN 和 TP 削减率均值分别为 41.93%和 38.17%，显著高于流域尺度上的削减率（11.00%和 13.02%）。

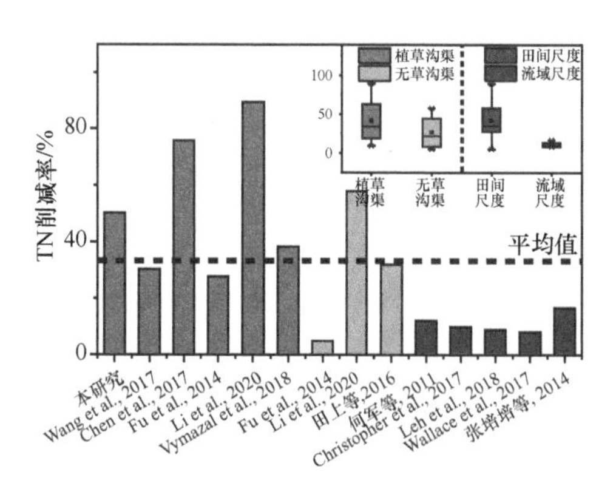

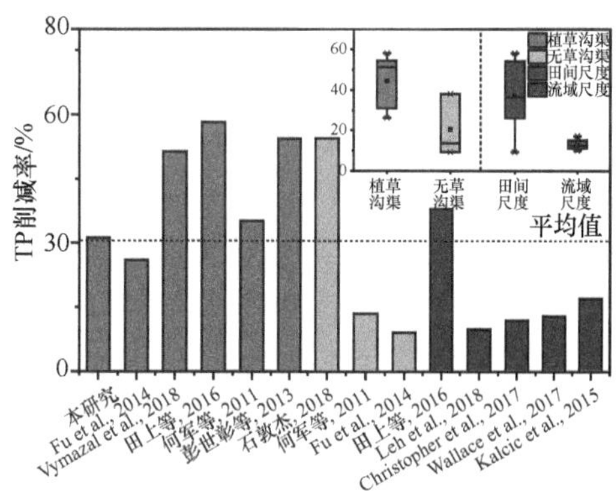

图 7-14　本研究沟渠的氮磷削减率与其他研究的比较

另外，比较了不同研究条件下水塘对农田排水中氮磷流失的削减率（图 7-15）。结果表明，本研究获得的沟塘 TN 和 TP 削减率处于中等水平。与沟渠氮磷削减率在不同尺度的趋势一致，田间尺度上，水塘的 TN 和 TP 削减率均值分别为 48.62% 和 51.14%，显著高于流域尺度上的削减率（8.38%和 10.81%）。

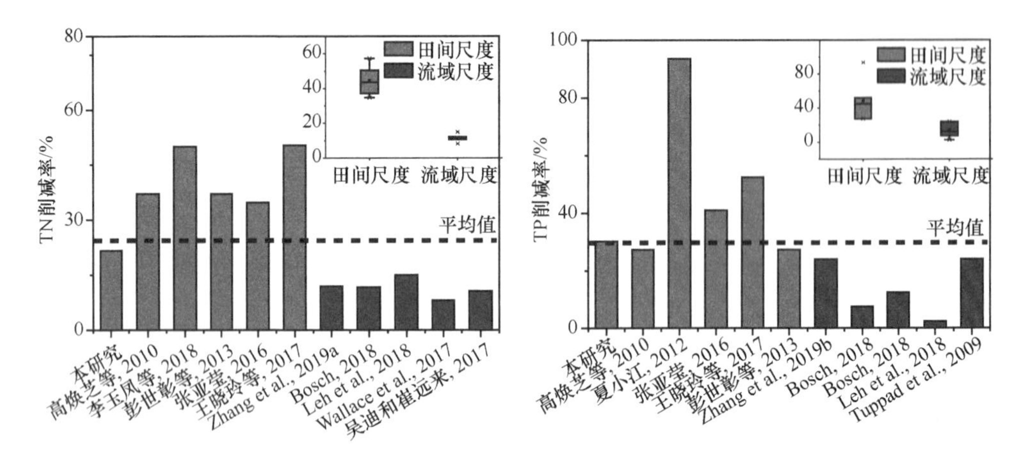

图 7-15 本研究水塘的氮磷削减率与其他研究的比较

7.4 讨 论

7.4.1 沟塘系统对稻田氮磷流失的截留机理

沟塘系统的存在显著降低了稻作流域的排水量和氮磷流失量。首先，沟塘系统可以容纳稻田排水，通过减少外排水量，从而降低稻作区氮磷流失量（Wang et al.，2017；Hua et al.，2019a）。田–沟–塘系统水质水量监测结果表明，相比稻田尺度，田–沟–塘系统尺度的排水总量降低了 52.48%，TN 流失量和 TP 流失量分别降低了 48.62%和 36.88%。其次，沟塘系统通过沉淀、吸附、硝化或反硝化作用等方式，有效降低稻田排水中氮磷浓度，从而减少氮磷流失量（Kumwimba et al.，2018；Uusheimo et al.，2018）。稻田排水过程和全生育期的水质监测结果表明，在田–沟–塘系统中，随着水流逐级传递，氮磷浓度逐级递减，这与相关研究的结果一致（Takeda and Fukushima，2006；Huang et al.，2016）。另外，施肥后 20 d 内水质监测结果表明，施肥后沟塘系统中氮磷浓度显著低于田面水，且浓度峰值出现时间滞后，这与其他稻作流域的研究结果基本吻合（Hua et al.，2019a；Hua et al.，2019b；Li et al.，2020a）。以上分析均表明，沟塘系统对稻田排水具有较好的截留和净化效果，可有效减少稻作流域排水量，减少稻田排水中氮磷浓度，并推迟稻作流域氮磷流失的高风险期。

针对沟塘系统对氮磷流失的主要截留形态，在稻田排水过程中，由于田面水中氮素主要以 NH_4^+-N 和 ON-N 为主，因此沟塘系统对氮素截留主要以 NH_4^+-N 和 ON-N 为主。不同形态的氮素在不同生育期的占比分析也表明，随着水稻的生长，ON-N 占比随水流的传递逐渐减少，在生育后期，水塘中氮素主要为 NO_3^--N，占比高达 64.24%，而 ON-N 占比仅为 16.30%。对于磷素的截留，土壤颗粒对 PP 具有较强的吸附力，PP 是径流水中磷素的主要形式，因此沟塘系统对磷素的截留主要是以 PP 的沉淀为主（Takeda and Fukushima，2006；Jia et al.，2019）。不同形态的磷素在不同生育期的占比分析表明，随着水稻的生长，PP 占比随水流的传递逐渐减少，在生育前期，PP 占比为 67.51%～87.91%，生育后期降低为 55.24%～75.61%，说明沟塘系统对磷削减主要以 PP 为主，这与已有研究结果一致。Takeda 和 Fukushima（2006）研究指出随水流的传递，稻田排水中的磷浓度逐渐降低，并且颗粒物沉淀是磷浓度降低的重要原因。

7.4.2　沟塘系统对稻作流域氮磷流失的削减潜力

在稻田尺度和田–沟–塘系统尺度上，水分因子的氮磷净通量均为正值，说明稻作流域的稻田系统对氮磷元素具有容纳能力，是氮磷的“汇”，这与长江流域其他稻作区的研究结果一致（Hua et al.，2019a；Hua et al.，2019b；Li et al.，2020a）。Hua 等（2019a，2019b）在江汉平原典型稻作流域的研究表明，天然沟渠的存在增加了稻田排水中氮磷的沉降、吸收和自然降解时间，使稻田系统起到氮磷“汇”的功能。本研究发现，在水稻生长季，稻田尺度上可保留 11.54 kg/ha 的 TN 和 0.35 kg/ha 的 TP，而田–沟–塘系统尺度上可保留 12.69 kg/ha 的 TN 和 0.74 kg/ha 的 TP，这说明沟塘系统的存在增加了稻作流域对氮磷的容纳能力，可以提高稻作流域的氮磷“汇”功能，对氮磷流失具有较强的削减潜力。

不同管理条件下，沟渠和水塘对农田排水中氮磷流失的削减率波动较大。通过文献调研可知，植草沟渠对氮磷流失的阻控效果显著高于无草沟渠。沟渠内的水生植物可以通过本身吸收大量的氮磷元素，也可以通过植株根部促进水中的氮素发生硝化和反硝化反应，从而促进氮素转化为气体氮逸出，因此植草沟渠有较好的氮磷截留效果（田上等，2016）。在稻作流域的实际管理中，可以在无草沟渠中种植水仙花、灯心草、芦苇和稗草等水生植物，提高沟渠对氮磷流失的截留效果（Wang et al.，2017；张燕，2013）。水塘在滞留和降解氮磷元素中发挥着巨大作用，在实际管理中，可以通过修建更多的沟渠连接农田和水塘，增加水塘的汇水面积，使更多的农田排水汇入水塘，从而提高水塘对氮磷流失的截留效果（吴迪和崔远来，2017）。另外，通过文献调研发现，由田间监测获得的田间尺度上的氮磷削减率显著高于由模型模拟获得的流域尺度上的氮磷削减率。这可能是因为，田间尺度上是通过排水过程中沟塘系统的进水口和出水口间氮磷浓度和负荷的差值计算得到氮磷削减率；而流域尺度上的削减率是沟塘系统对整个流域内氮磷流失的整体削减效果。因此，为正确评估沟塘系统对稻作流域氮磷流失的削减潜力，有必要继续在流域尺度上开展沟塘系统对氮磷流失的影响的研究。

7.5 本章小结

本章通过两年的田–沟–塘系统水质水量监测，研究了稻田排水过程中沟塘系统水质的动态变化，系统分析了全生育期田–沟–塘系统水质动态变化及影响因素，并探讨了沟塘系统对稻作区排水及氮磷流失的影响，深化了沟塘系统对稻田氮磷流失截留机理的认识。主要结论如下：

（1）稻田排水过程中，沟塘系统可降低排水中的氮磷浓度，对稻田氮磷流失具有较好的截留效果。随水流从一级沟渠、二级沟渠到水塘的传输，氮磷浓度逐级递减。沟塘系统对 TN 和 TP 的平均削减率分别为 57.41%和 48.88%，并且以 ON-N，NH_4^+-N 和 PP 的截留为主。

（2）全生育期田–沟–塘系统中氮磷浓度波动较大，表现为随水稻生长和水流的逐级传输呈逐渐降低的趋势。在生育前期氮磷浓度较高且波动较大；抽穗扬花期后，氮磷浓度较低且波动较小。施肥是影响田–沟–塘系统水质动态变化的主要原因。施肥后，田面水在第 1 d 立刻出现浓度峰值，而沟渠和水塘的氮磷浓度峰值分别出现在施肥后 2～4 d 和 7～8 d，这说明沟塘系统可以降低氮磷浓度峰值，且延后氮磷浓度峰值出现时间。

（3）随着水稻生长和水流的逐级传输，ON-N 和 PP 在沉降、吸附、硝化和反硝化等作用下逐渐减少。随着水稻生长，水塘中 ON-N 占比从 22.71%降低到 8.80%，而 NO_3^--N 占比从 52.22%增加到 72.46%；水塘中 PP 占比从 70.52%降低到 55.42%，而 TDP 占比从 29.48%增加到 44.58%，这说明 ON-N 和 PP 是沟塘系统的主要截留形态。

（4）沟塘系统的存在显著降低了稻作流域的排水量和氮磷流失量。相比稻田尺度，田–沟–塘系统尺度的排水量、TN 流失量和 TP 流失量分别降低了 52.48%、48.62%和 36.88%。稻田和田–沟–塘系统尺度水分因子的氮磷净通量均为正值，说明稻作流域对氮磷具有一定的容纳能力。在水稻生育期，稻田尺度上保留了 11.54 kg/ha 的 TN 和 0.35 kg/ha 的 TP；田–沟–塘系统尺度上保留了 12.69 kg/ha 的 TN 和 0.74 kg/ha 的 TP，这说明沟塘系统的存在减少了稻田直接排水所导致的氮磷流失，提高了稻作流域的氮磷“汇”功能。

第 8 章　稻作流域田–沟–塘系统优化下面源污染流失减排潜力研究

8.1　引　　言

随着对农业面源污染治理的深入了解，从源头控制、过程阻控到末端净化的多环节优化减排措施受到国内外学者的青睐。针对长江流域水稻主产区的田–沟–塘系统，国内学者开展了多环节优化的面源污染防控研究（单立楠等，2013；Min and Shi，2018；石敦杰，2018）。目前，多环节优化的研究多集中于稻田控制灌溉–明沟控水–水塘湿地组合优化对水分利用率和氮磷流失负荷的影响（Xiong et al.，2015；彭世彰等，2013）、稻田施肥优化–植草沟渠–好氧塘组合优化对水质及植物生长的影响（王春雪等，2019）。对于稻田排水水位–沟渠植草密度–水塘汇水面积的多环节水循环优化下稻作流域氮磷流失的系统研究较为缺乏，并且研究多集中于田间尺度的点位监测。在不同水文、管理和沟塘系统等条件的影响下，所获得的氮磷截留效果差异较大，这对合理评估稻作流域水循环优化对面源污染防控的效果提出了挑战。

SWAT 模型作为较为常用的分布式水文模型，被广泛应用于评估农业流域面源污染迁移特征（Saharia et al.，2018；Wei et al.，2016）。近年来部分学者对 SWAT 模型中的稻田算法进行了优化改良，较为完整的模拟了稻田水文循环过程（Xie and Cui，2011；魏鹏，2018）。改进后的 SWAT 模型可用于模拟稻田水位优化对灌溉效率和节水潜力的影响（Wu et al.，2019b）。但是，目前对于田面水位优化下稻田氮磷流失特征的模拟研究较为薄弱。另外，已有大量研究通过设置植草沟渠或水塘，模拟了流域水文和氮磷流失特征，证明了沟塘系统在改善流域水环境方面的作用（Bosch，2008；Leh et al.，2018）。然而，田面水位、沟渠和水塘优化对面源污染流失的截留效果与水文条件，特别是降雨条件密切相关。在流域尺度，系统分析不同水文条件下，田面水位、沟渠和水塘单环节优化对流域氮磷流失的截留效果，以及田–沟–塘系统多环节水循环优化综合效果的研究相对薄弱。

基于以上背景，本章将改进的 SWAT 模型应用于长江流域典型稻作区，并且基于第 4 章研究得到的长江流域关键生育期稻田排水水位阈值，开展田–沟–塘系统水循环优化情景模拟，旨在：①研究不同水文条件下田面水位优化对稻田氮磷流失的影响；②分析不同水文条件下沟渠优化和水塘优化对流域氮磷流失的截留效果；③评估田–沟–塘系统多环节优化对流域氮磷流失迁移的影响。本章研究结果可为稻作流域农业面源污染防控提供科学依据。

8.2 材料与方法

8.2.1 流域概况

本章选择长江流域典型稻作区的洑水流域开展模型模拟。洑水流域（113°39′～113°47′E，31°19′～31°30′N）出口距第 7 章的田–沟–塘系统田间试验点仅 1.3 km，流域总面积为 121.4 km^2，河道总长为 52.48 km（图 8-1）。该流域土地利用图见图 8-1。流域内存在很多沟渠和水塘，水域面积较大，占全流域面积的 7.9%。

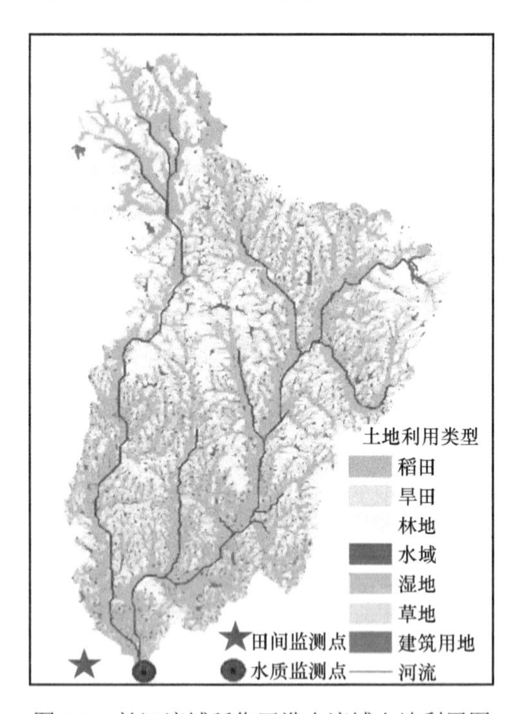

图 8-1 长江流域稻作区洑水流域土地利用图

洑水流域和田间试验点均属于亚热带季风气候，光能充足，热量丰富，无霜期长。洑水流域多年平均降雨量为 1068 mm，5～10 月降雨量约占全年降雨量的 65%～70%，雨热同季，多年平均气温为 16.66 ℃。洑水流域的土地利用类型包括稻田、旱地、林地、水域和建筑用地（表 8-1）。在 1992～2014 年间，土地利用组成整体变化不大，稻田为主要的农业用地类型，占流域总面积的 33.2%。流域稻田周围分布着很多自然沟渠和水塘，由沟塘系统组成的水域占流域总面积的

7.9%。稻田排水通过沟渠流入水塘，经过水塘净化后再汇入邻近河流。洑水流域的土壤类型包括水稻土（58.5%）和黄棕壤（41.5%）。

表 8-1　洑水流域土地利用类型占比　　（单位：%）

土地利用类型	1992 年	2000 年	2014 年
稻田	33.2	33.2	33.2
旱地	7.7	7.7	7.7
林地	43.7	43.7	43.7
湿地	0	0	0
草地	0	0	0
水域	7.9	7.9	7.9
建筑用地	7.4	7.4	7.4

8.2.2　流域氮磷流失负荷模拟

8.2.2.1　SWAT 模型简介

SWAT 模型是美国农业部（USDA）开发的一种基于过程的连续性分布式水文模型，是评价流域水文循环和面源污染流失的有效工具（Abbaspour et al.，2007）。SWAT 模型被广泛用于模拟流域内主要污染物的产生、迁移及转化过程，定量评价流域面源污染流失负荷，以及分析和预测不同管理措施对水环境的影响（Wei et al.，2017）。而且，为了更好地将 SWAT 模型应用于稻田水文及氮磷流失的模拟，对稻田模块的算法进行了优化改良，增设了灌溉水位（H_{min}）、适宜水位（H）和排水水位（H_{max}）三条水位线，可以较为完整的模拟稻田的实际灌溉、持水及排水过程（魏鹏，2018）。为满足后续研究需要，使用改进后的 SWAT 模型对洑水流域的氮磷流失负荷进行模拟。

8.2.2.2　SWAT 数据库的构建

SWAT 模型数据库的空间数据包括数字高程模型 DEM、土壤类型空间分布数据和土地利用空间分布数据；属性数据库包括土壤属性数据、气象数据和流域管理数据等。空间数据库中的 DEM 采用地理空间数据云提供的 30 m × 30 m 分辨率的 DEM（http://www.gscloud.cn/）；土壤类型空间分布数据采用中国科学院南京土壤所提供的 1：1000000 的土壤类型数据；土地利用空间分布数据是通过对美国地质勘探局的 Landsat 影像经人工解译获得（USGS，http://glovis.usgs.gov/）。属性数据库中的土壤数据主要包括土壤的土层厚度、机械组成、容重、有机碳含量、有效含水量、饱和水力传导率等物理属性数据和化学属性数据，以上数据来自中国科学院南京土壤研究所提供的中国土壤数据库（http://vdb3.soil.csdb.cn）；气象数据包括日尺度的温度、降雨、相对湿度、风速以及辐射等数据，可从中国气象数据网（http://data.cma.cn/）下载获得，或从当地气象数据站获得；流域管理数据库主要包括农业管理措施（作物类型，耕作日期，施肥时间和施肥量）等信息，该信息可根据现场调查获得。模型构建步骤：①基于 DEM 划分子流域，根据土地利用类型、土壤属性和坡度分类，划分水文响应单元（HRU）；②输入气象数据，编辑流域管理数据。洑水流域稻田耕作管理及施肥量见第 3 章 3.2.2 节中安陆试验站点信息，数字高程模型 DEM 及土壤类型分布见图 8-2。

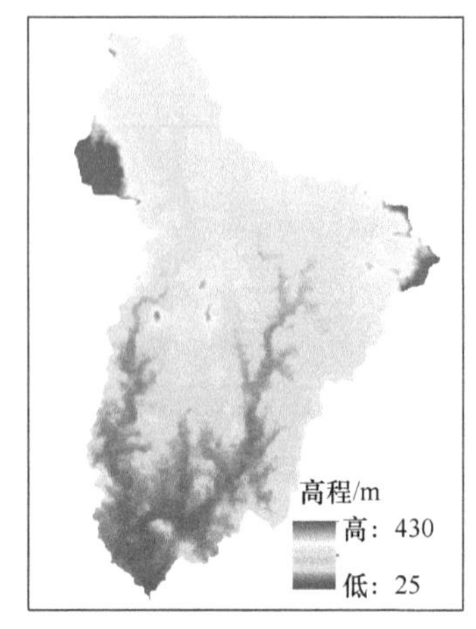

图 8-2 长江流域稻作区洑水流域数字高程模型和土壤类型分布

洑水流域分布着很多沟渠和水塘，SWAT 模型中可以把沟渠作为植草水道操作（Grassed Waterways）进行设置，把水塘可作为坑塘操作（Pond）进行设置。洑水流域的沟渠主要分布在稻田周围，因此本研究植草水道操作只应用在土地利用为稻田的水文响应单元。植草水道操作的主要参数包括水道平均比降（GWATS）、平均宽度（GWATW）、渠深（GWATD）和长度（GWATL）以及植草水道中泥沙的线性参数（GWATSPCON）和坡面漫流的曼宁系数（GWATN）。根据实地调研获得流域内水道宽度和渠深的平均值分别为 1.5 m 和 0.5 m。根据文献，将水道的平均比降设置为水文响应单元比降值的 0.75，水道长度设置为水文响应单元的边长，泥沙的线性参数设置为默认值 0.005（Liu et al.，2019）。经过调研，洑水流域内沟渠多为土沟，是未维护的杂乱生长着野草的沟渠。因此，将曼宁系数设置为 0.1，代表未维护的杂草覆盖沟渠（Gathagu et al.，2018）。水塘操作的主要参数包括水塘汇流面积比（PND_FR，水塘汇水区占子流域面积的分数），正常溢水水位时水塘总库容（PND_PVOL）、水塘水面面积（PND_PSA）及初始蓄水量（PND_VOL）等参数。采用 1 m × 1 m 高分辨率遥感影像提取得到水塘分布信息，根据各个子流域内水塘的数量、水塘的面积及现场调查数据计算得到每个子流域的上述参数数据。根据文献，将水塘的氮、磷沉降速率分别设置为 5.5 m/a 和 12.7 m/a（Bosch et al.，2008）。沟渠和水塘管理的具体参数设置见表 8-2。SWAT 模型中不同生育期稻田水位管理的三条水位线设置为常规田面水位管理，具体水位高度见第 4 章表 4-1。

表 8-2　洑水流域沟渠和水塘常规管理参数

措施	参数	参数含义（单位）	参数取值	数据来源
沟渠	GWATN	坡面漫流的曼宁系数	0.1	Gathagu 等，2018（代表未维护沟渠）
	GWATW	植草水道的平均宽度（m）	1.5	实际调查的平均值
	GWATD	植草水道的平均深度（m）	0.5	实际调查的平均值
	GWATS	植草水道的平均比降（m）	HRU*0.75	
	GWATL	植草水道的平均长度（km）	HRU 边长	Liu 等，2019
	GWATSPCON	植草水道中泥沙的线性参数	0.005	
水塘	PND_FR	水塘汇水区占子流域面积分数	0.22～0.52	实际调查
	PND_PSA	正常溢洪道水位塘面积（ha）	0.1～1.48	实际调查
	PND_PVOL	正常溢洪道水位塘蓄水量（10^4 m^3）	0.07～2.59	实际调查
	PND_VOL	水塘初始蓄水量（10^4 m^3）	0.02～1.04	实际调查
	PSETLN	氮沉降速率（m/a）	5	Bosch 等，2008
	PSETLP	磷沉降速率（m/a）	12.7	

8.2.2.3　SWAT 模型的率定与验证

利用 SWAT-CUP 工具评价 SWAT 模型的适用性（Abbaspour et al.，2007）通过实际观测的数据对敏感性参数进行率定，运用确定性系数（R^2）及纳什系数（Ens）对率定结果进行评估。其中，R^2 反映的是模拟值与实测值变化趋势是否一致，其值越接近 1，表明模拟结果与实际监测值的变化趋势一致程度越高。Ens 可以表示参数变化后模拟值与实测值之间的偏离程度，其值越接近 1，表明参数变化对水量、水质模拟结果带来的偏离程度越小。若 $R^2 > 0.6$ 且 Ens > 0.5，表示 SWAT 模型的率定和验证结果是可接受的，可以较为准确的模拟流域氮磷流失负荷。

土壤水是流域内水文循环的重要环节，是联系水文过程和面源污染的重要纽带。为验证改进的 SWAT 模型能否准确地模拟稻田水文循环，本研究对实际监测的稻田土壤水含量和 SWAT 模拟值进行了比较。用于率定和验证的资料是洑水流域附近田间试验点的稻田土壤水数据，逐日土壤水实测数据由 ZENO 气象站采集得到（Coastal，Seattle，WA，USA）。由于洑水流域面积较小，无有效的流量实测数据进行率定，因此采用国际上常用的参数借鉴法，即借鉴同一纬度相似流域的模型率定参数。洑水流域水文循环的部分参数移植于附近杨树垱流域（112°17′～112°23′E，30°80′～30°90′N）的模型参数。杨树垱流域与洑水流域均属于湖北省内的典型稻作流域，两个流域距离较近，均以水稻种植为主；土壤类型相似，均以黄棕壤和水稻土为主；而且两个流域均属于亚热带季风气候（Wu et al., 2019a；吴迪，2019）。在两个流域的土壤类型、土地利用情况、气象条件等十分相似的情况下，可以认为参数取值差距不大，采取参数移植的方法有一定的科学依据。此外，于 2017 年 1 月～2019 年 10 月在洑水流域出口处进行了水质监测，用于氮磷流失负荷的率定和验证。水质监测频率为每月 2 次，分别为每月 1 日和 15 日。采集完水样后立刻放到冰箱中冷冻存储，并尽快测定水样中总氮（TN）、总磷（TP）和硝态氮（NO_3^--N）含量。月均氮磷流失负荷通过两次水样的平均浓度和月径流量相乘计算得到。

通过对模型模拟的土壤水含量与田间实际监测值进行比较得知，模型可以较为准确模拟长期淹水条件下土壤水的基本特征。在 0～15 cm 土层，均方根误差 RMSE 在率定期（2017/5/24～2017/12/31）为 2.23 mm，在验证期（2018/5/30～2018/9/30）为 2.01 mm；在 0～30 cm 土层，RMSE 在率定期为 5.20 mm，在验证期为 5.46 mm。模型也可以准确地模拟出中期晒田和收获前排水期时土壤水快速下降的过程。对月尺度氮磷流失负荷的模拟值和实测值进行比较得知，模型能较好地模拟洑水流域的氮磷流失特征（图 8-3）。TN 流失负荷模拟的 R^2 和 Ens 在率定期和验证期分别大于 0.61 和 0.52；NO_3^--N 流失负荷的 R^2 和 Ens 在率定期和验证期分别大于 0.58 和 0.52；TP 流失负荷模拟的 R^2 和 Ens 在率定期和验证期分别大于 0.61 和 0.50。综上所述，改进的 SWAT 模型可以较好地模拟研究区氮磷流失负荷。

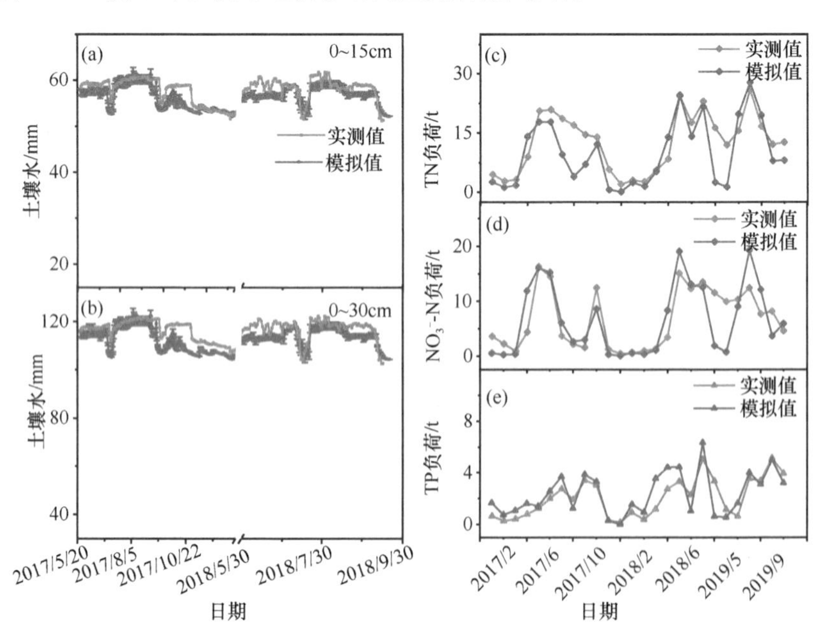

图 8-3　洑水流域稻田土壤水、总氮、硝态氮和总磷流失负荷的实测值和模拟值对比

8.2.2.4　模型情景设置

1）田面水位情景

田面水位优化，是通过提高稻田排水水位（H_{max}），增加稻田水容量，从而实现稻田源头减排的目的。SWAT 模型中三条水位线的设置与第 4 章长江流域稻作区的湖北省安陆市全生育期排水水位优化试验的水位管理一致。即以水稻生育期作为水位优化的时间轴，设置了四个情景：F0 基础情景，其各生育期的排水水位为常规排水管理；F3 田面水位优化情景，其关键生育期的排水水位为第 4 章研究得到的长江流域排水水位阈值；F1、F2 田面水位优化情景，其关键生育期的排水水位高度是介于 F0 和 F3 情景之间的适度水位管理。不同情景下各生育期水位管理见第 4 章表 4-1。

2）沟渠情景

沟渠优化，是提高沟渠植草密度，实现提高沟渠截留效果的目的。SWAT 模型中通过改变植草沟渠的曼宁系数（GWATN），来模拟不同植草密度的沟渠。研究区㵐水流域内沟渠多为未维护的杂乱生长着野草的沟渠。根据已有研究，将植草沟渠的曼宁系数设置为 0.10，可代表未维护的杂草覆盖沟渠（Gathagu et al.，2018）。沟渠设置了四个情景：ND 无沟渠情景，流域内无沟渠，作为对照情景；D0 基础情景，沟渠保持现状作，曼宁系数为 0.10；D1 沟渠优化情景，中等植被覆盖的沟渠，曼宁系数为 0.24（Leh et al.，2018）；D2 沟渠优化情景，茂密植被覆盖的沟渠，曼宁系数为 0.35（Liu et al.，2019）。

3）水塘情景

水塘优化，通过增加水塘汇流面积比（PND_FR），增加降雨及农田排水的截留，提高水塘截留效果。水塘设置了四个情景：NP 无水塘情景，流域内无水塘，作为对照情景；P0 基础情景，即流域内水塘保持现状；P1、P2 和 P3 水塘优化情景，即在当前现状的基础上，将水塘汇流面积比分别增加 15%、30%及 50%。每个子流域水塘汇流面积比增加相同幅度。㵐水流域属于低丘陵地形，地势起伏较小，在农业生产中可通过工程措施增加水塘汇流面积比，例如，利用生态沟渠将稻田退水引入水塘，或整平地段使得稻田退水能汇入到周边水塘。

4）田–沟–塘系统多环节情景

整合田、沟、塘单环节情景，设置三个情景多环节情景：CK 对照情景，该情景为 F0+ND+NP 情景；BL 基础情景，该情景为 F0+D0+P0 情景；OP 最优情景，该情景为 F3+D2+P3 情景。各情景及参数设置见表 8-3，关于沟渠和水塘管理的常规参数已在表 8-2 进行了详细介绍。

表 8-3 情景及关键参数设置

	设置对象	情景	代号	关键参数	参数范围	参数设置依据
单环节	田	基础	F0	排水水位	0~80	表 4-1
		优化	F1		0~120	
			F2		0~150	
			F3		0~180	
	沟	对照	ND	曼宁系数		无沟渠
		基础	D0		0.1	Gathagu et al.，2018
		优化	D1		0.24	Leh 等，2018
			D2		0.35	Liu 等，2019
	塘	对照	NP	汇流面积比	0	无水塘
		基础	P0		0.22~0.52	当前现状
		优化	P1		0.37~0.67	现状+15%
			P2		0.53~0.82	现状+30%
			P3		0.73~1.00	现状+50%
多环节	田–沟–塘	对照	CK	排水水位+曼宁系数+汇流面积比		F0+D0+P0
		基础	BL			F0+ND+NP
		最优	OP			F3+D2+P3

8.2.3 数据处理

水文条件对稻作流域面源氮磷污染流失具有重要影响。因此，根据流域 56 年（1964～2019 年）水稻生长季期间的水文条件，将研究年份分为丰水年、平水年和枯水年三种情景。在丰、平和枯水年，水稻季降雨量平均值分别为 905.7 mm、574.2 mm 和 331.9 mm，且不同水文年降雨量之间存在显著差异（表 8-4）。以 CK 情景为对照，计算田–沟–塘系统多环节优化对氮磷流失的截留效率。此外，利用稻田排水水位（H_{max}）和稻田适宜水位高度（H）的差值，计算了 BL 情景和 OP 情景下稻田水容量。由于没有考虑降雨或灌溉事件对田面水位增加的影响，这种计算方法可能会高估稻田水容量。但是，两种情景下稻田水容量的相对大小，对于田面水位优化对水资源的高效利用的评价有一定指导意义。

表 8-4 不同水文年水稻生长季降雨量

年份	生长季降雨/mm	方差分析		
	平均值	Shapiro-Wilk 检测	Levene 检测	Dunnet's T3 检测*
枯水年	331.9	0.056	0	a
平水年	574.2	0.915		b
丰水年	905.7	0.157		c

*表示数据间存在显著差异。

8.3　结　　果

8.3.1　田面水位优化对稻田氮磷流失的影响

8.3.1.1　田面水位优化对稻田氮流失的影响

生长季降雨量主要集中在返青期和拔节孕穗期，这两个时期降雨量分别占生育期降雨的 40.51%和 27.96%（表 8-5）。由于稻田径流流失主要受降雨影响，这两个时期的 TN 流失量分别占总流失量的 61.68%和 23.26%。虽然返青期降雨量占比较低，该时期的 TN 流失量在丰水年可达高到 3.38 kg/ha。这是因为，该时期是基肥施用期，若施肥后发生强降雨，大量氮素将随降雨径流流失。在水稻生育后期，即抽穗扬花～黄熟期，降雨量显著降低，TN 流失量非常低，特别是在平水年和枯水年，流失量几乎为零。对于整个水稻生长季来说，随着降雨量的增加，稻田氮流失不断增加。在 F0 情景下，丰水年的 TN 流失量比枯水年增加了 9.25 倍。ON-N 是氮径流流失的主要形式，占总流失量的 68.45%，这与大田试验的结果基本吻合。

表 8-5　不同水文年水稻生育期平均降雨量　　（单位：mm）

	丰水年	平水年	枯水年
返青期	58.14±70.25	32.61±37.11	32.07±30.95
分蘖期	334.02±145.45	239.13±124.09	154.32±55.41
拔节孕穗期	284.52±135.86	156.06±77.12	69.12±40.06
抽穗扬花期	102.71±92.74	64.65±52.99	32.72±17.83
灌浆期	60.95±72.15	35.44±38.45	12.42±16.95
黄熟期	65.35±73.44	43.21±41.77	31.31±34.78

与常规管理相比，提高稻田排水水位可以有效降低氮流失量，且随着排水水位的提高，TN 流失削减率增加（图 8-4）。与 F0 相比，F1、F2 和 F3 情景下，返青期 TN 流失量分别降低了 45.19%、54.49%和 92.26%，分蘖期 TN 流失量分别降低了 54.74%、75.15%和 86.21%，拔节孕穗期 TN 流失量分别降低了 58.57%、72.38%和 99.24%。对于不同水文年来说，提高排水水位在枯水年的削减率优于丰水年。枯水年 TN 削减率为 24.50%～93.95%，丰水年 TN 削减率降低为 7.92%～53.08%。此外，提高排水水位对不同形态氮的削减率相差不大，TN、ON-N 和 IN-N 的削减率分别为 7.79%～93.95%、6.07%～94.94%和 17.39%～92.03%。

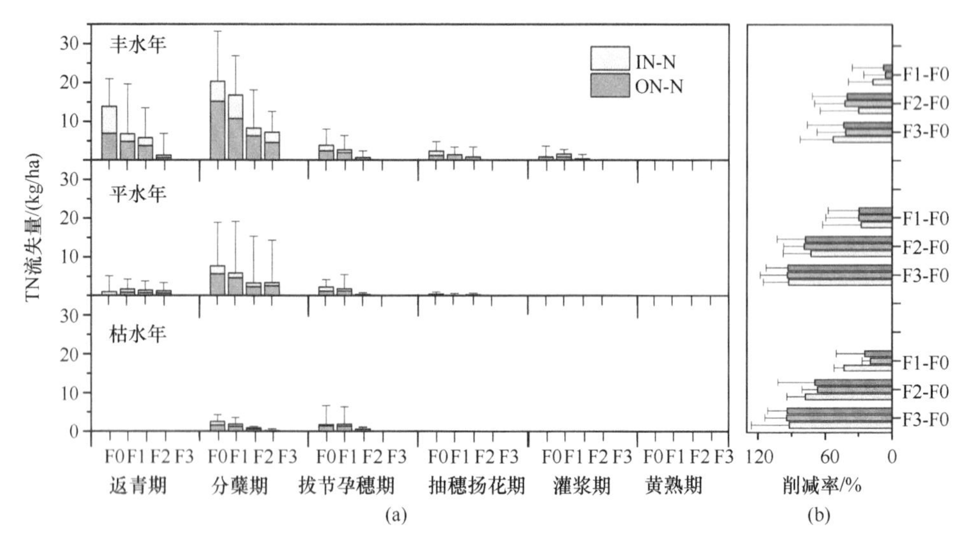

图 8-4　田面水位优化下不同生育期稻田氮流失量（a）和削减率（b）

8.3.1.2　田面水位优化对稻田磷流失的影响

与稻田氮流失规律相似，稻田磷流失也主要发生在生育早期，该阶段的 TP 流失量占整个生育期的 89.23%（图 8-5）。其中，分蘖期和拔节孕穗期的 TP 流失量分别占总流失量的 45.92%和 24.82%。丰水年，返青期的 TP 流失量较大，可达到 2.65 kg/ha。在生育后期，降雨量降低，流失量比例非常低，特别是在平水年和枯水年，TP 流失量几乎为零。对于整个水稻生长季来说，随着降雨量的

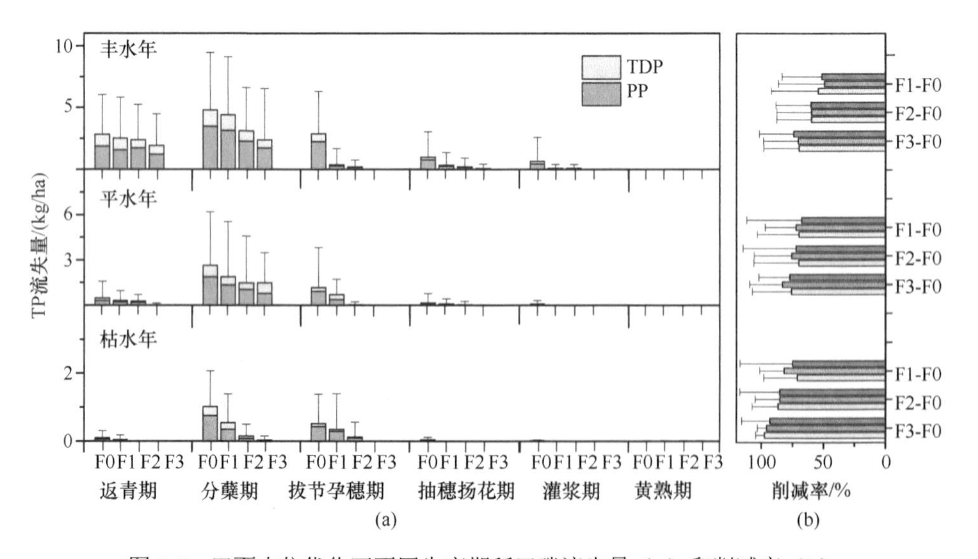

图 8-5　田面水位优化下不同生育期稻田磷流失量（a）和削减率（b）

增加，稻田磷流失不断增加。F0 情景下，丰水年的 TP 流失量比枯水年增加了 21.62 倍。PP 是 TP 流失的主要形式，占总流失量的 74.84%，这与大田试验的结果基本吻合。

与常规管理相比，提高稻田排水水位可以有效降低磷流失，且随着排水水位的提高，TP 流失削减率增加（图 8-5）。与 F0 相比，F1、F2 和 F3 情景下，返青期 TP 流失量分别降低了 32.75%、52.80%和 75.27%；分蘖期 TP 流失量分别降低了 27.54%、54.67%和 68.08%；拔节孕穗期 TP 流失量分别降低了 59.47%、88.80%和 100%。对于不同水文年来说，提高排水水位在枯水年的削减率优于丰水年（图 8-5）。在枯水年 TP 削减率为 74.88%～93.07%，在丰水年 TP 削减率降低为 51.45%～74.05%。此外，提高稻田排水水位对于不同形态磷的削减率相差不大，TP、PP 和 TDP 的削减率分别为 64.67%～81.46%、67.72%～83.03%和 65.17%～81.08%。

8.3.2　沟渠优化对流域氮磷流失的影响

8.3.2.1　沟渠优化对流域氮流失的影响

不同沟渠优化情景下流域出口氮流失负荷削减率如图 8-6 所示。随着植草密度的增大，沟渠对流域氮流失负荷的削减率逐渐增强，并且 ON-N 为沟渠截留的

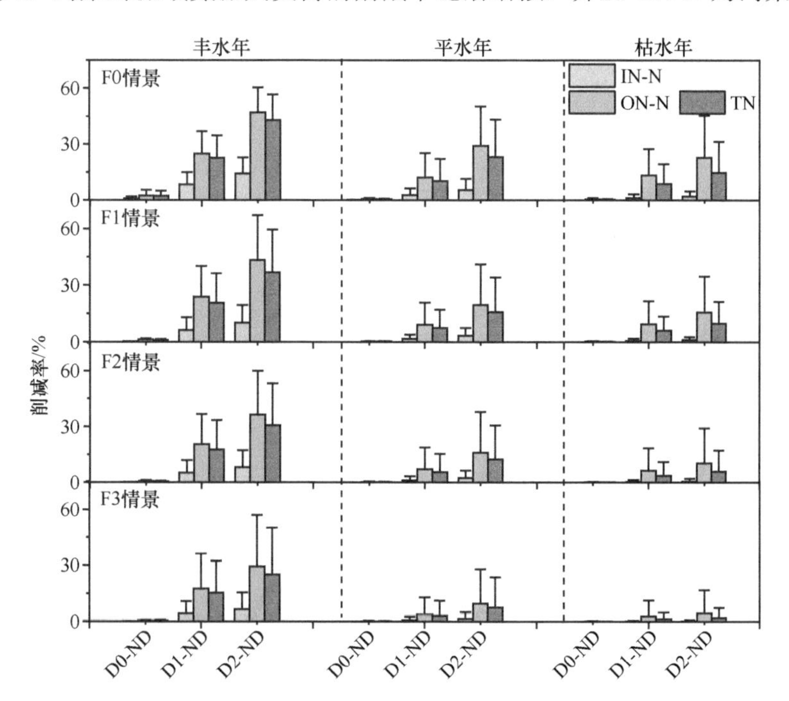

图 8-6　沟渠优化下流域氮流失的削减率

主要形式。D0 情景下，沟渠对 TN、ON-N 和 IN-N 流失的削减率分别为 0.84%、1.04%和 0.27%；D1 情景下，沟渠对 TN、ON-N 和 IN-N 流失的削减率分别增加到 12.91%、15.60%和 3.64%；D2 情景下，削减率分别增加到 26.72%、33.11%和 6.65%。不同水文条件下沟渠对氮的削减效果不同，表现为丰水年 > 平水年 > 枯水年。D2 情景下，在丰水年，沟渠对 TN、ON-N 和 IN-N 的削减率分别为 42.67%、42.12%和 14.20%；而在枯水年，相应的削减率降低为 14.59%、22.86 %和 1.96%。

不同田面水位情景下，植草沟渠对氮流失负荷的削减率不同。整体表现为，随着田面排水水位的提高，植草沟渠的截留效果降低。D1 情景下，当田面水位为 F0 情景时，植草沟渠对 TN、ON-N 和 IN-N 流失的削减率分别为 12.91%、15.80%和 3.64%；而当田面水位为 F3 情景时，相应的削减率分别降低为 5.88%、7.21%和 1.50%。D2 情景下，当田面水位为 F0 情景时，植草沟渠对 TN、ON-N 和 IN-N 流失的削减率分别为 26.72%、33.15%和 6.85%；而当田面水位为 F3 情景时，相应的削减率分别降低为 10.95%、13.51%和 2.61%。

8.3.2.2 沟渠优化对流域磷流失的影响

不同沟渠优化情景下流域出口磷流失负荷削减率如图 8-7 所示。随着植草密度的增加，沟渠对流域磷流失负荷的削减率逐渐增强，并且 PP 为沟渠截留的主

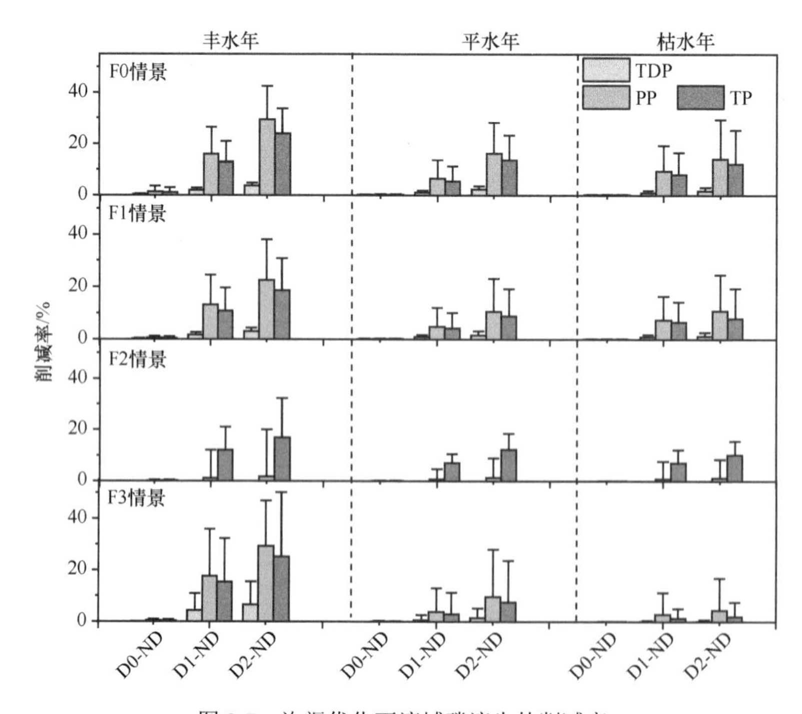

图 8-7　沟渠优化下流域磷流失的削减率

要形式。D0 情景下，沟渠对 TP、PP 和 TDP 流失的削减率分别为 1.18%、1.41% 和 0.40%；D1 情景下，沟渠对 TP、PP 和 TDP 的削减率分别增加到 8.05%、9.66% 和 1.34%；D2 情景下的削减率分别增加到 16.02%、19.20%和 2.57%。不同水文条件下，沟渠对磷的削减率不同，表现为丰水年 > 平水年 > 枯水年。D2 情景下，在丰水年，沟渠对 TP、PP 和 TDP 流失的削减率分别为 23.98%、29.49%和 3.72%；而在枯水年，相应的削减率降低为 12.22%、14.10 %和 1.71%。

不同田面水位情景下，植草沟渠对磷流失负荷的削减率不同。整体表现为，随着田面排水水位的提高，植草沟渠的截留效果降低。D1 情景下，当田面水位为 F0 情景时，植草沟渠对 TP、PP 和 TDP 流失的削减率分别为 8.05%、9.66%和 1.34%；而当田面水位为 F3 情景时，相应的削减率分别降低为 4.60%、5.52%和 0.70%。D2 情景下，当田面水位为 F0 情景时，植草沟渠对 TP、PP 和 TDP 流失的削减率分别为 16.02%、19.02%和 2.57%；而当田面水位为 F3 情景时，相应的削减率分别降低为 6.25%、7.50%和 0.96%。

8.3.3　水塘优化对流域氮磷流失的影响

8.3.3.1　水塘优化对流域氮流失的影响

不同水塘优化情景下流域出口氮流失负荷削减率如图 8-8 所示。随着水塘汇流面积的增加，流域出口氮流失负荷的削减率逐渐增强，并且 ON-N 为水塘截留的主要形式。与 NP 情景相比，P0 情景下水塘对 TN、ON-N 和 IN-N 流失的削减率分别为 10.50%、9.58%和 8.51%。当汇流面积增加时，水塘对 TN、ON-N 和 IN-N 流失的削减率分别提高到 13.16%～18.15%、12.48%～18.14%和 9.97%～12.65%。不同水文年下水塘对氮的削减率不同，表现为枯水年 > 平水年 > 丰水年，这与沟渠对氮削减效果的趋势相反。P3 情景下，在枯水年，水塘对 TN、ON-N 和 IN-N 流失的削减率分别为 26.24%、23.71%和 25.28%；而在丰水年，相应的削减率分别降低为 18.81%、21.84%和 4.95%。

不同田面水位下，水塘对氮流失负荷削减率不同。整体表现为，随着田面排水水位的提高，水塘对氮流失的截留效果降低，这与沟渠对氮削减效果的趋势一致。P1 情景下，当田面水位为 F0 情景时，水塘对 TN、ON-N 和 IN-N 流失的削减率分别为 13.16%、12.48%和 9.97%；而当田面水位为 F3 情景时，相应的削减率分别降低为 10.55%、8.43%和 10.55%。同样地，P3 情景下，当田面水位为 F0 情景时，水塘对 TN、ON-N 和 IN-N 流失的削减率分别为 18.15%、18.25% 和 12.65%；而当田面水位为 F3 情景时，相应的削减率分别降低为 13.99%、11.88% 和 11.45%。

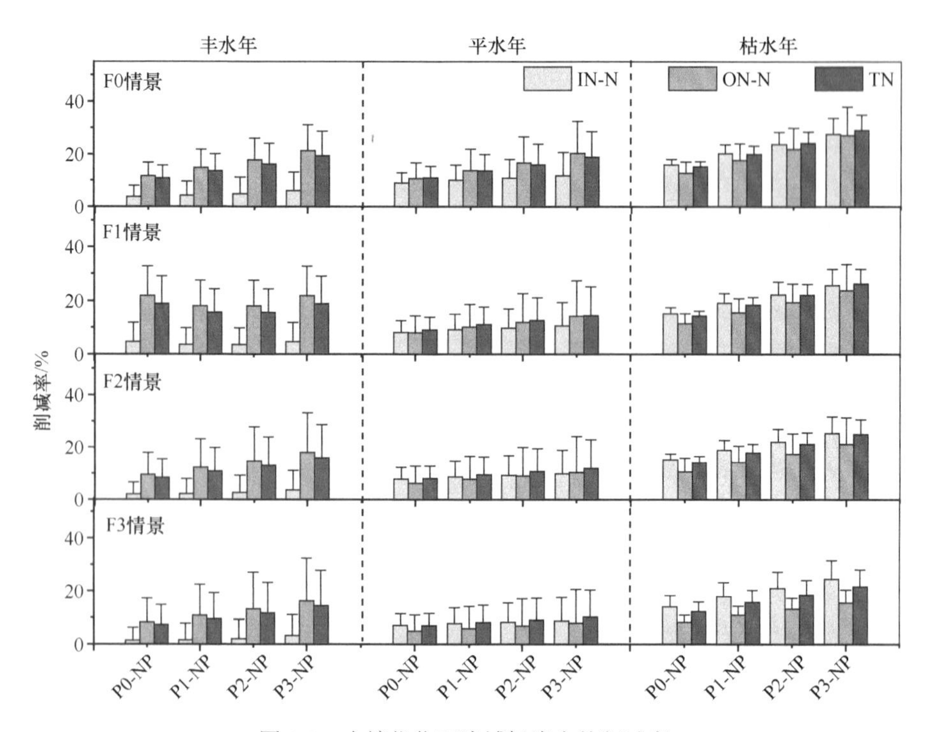

图 8-8　水塘优化下流域氮流失的削减率

8.3.3.2　水塘优化对流域磷流失的影响

不同水塘优化情景下流域出口磷流失负荷削减率如图 8-9 所示。随着水塘汇流面积的增加，流域出口磷流失负荷的削减率逐渐增强。与 NP 情景相比，P0 情景下水塘对 TP 和 PP 流失的削减率分别为 10.15%和 13.58%。当汇流面积增加时，水塘对 TP 和 PP 流失的削减率分别提高到 12.38%～16.52%和 17.71%～26.48%。虽然水塘对 TP 和 PP 具有较好的截留效果，但是水塘增加了 TDP 流失。不同水塘优化情景下，TDP 流失增加了 52.45%～516.62%。这意味着，水塘在稻作区的应用可能会增加 TDP 流失量。不同水文条下，水塘对磷削减率不同，表现为枯水年 > 平水年 > 丰水年，这与沟渠对磷削减率的趋势相反。P3 情景下，在枯水年，水塘对 TP 和 PP 流失的削减率分别为 22.10%和 31.66%；而在丰水年，相应的削减率分别降低为 15.17%和 24.95%。

不同田面水位情景下，水塘对磷流失负荷的削减率不同。整体表现为，随着田面排水水位的提高，水塘对磷流失的截留效果降低，这与沟渠对磷削减效果的趋势一致。P1 情景下，当田面水位为 F0 情景时，水塘对 TP 和 PP 流失的削减率分别为 10.15%和 13.58%；而当田面水位为 F3 情景时，相应的削减率分别降低为 8.13%和 12.75%。同样地，P3 情景下，当田面水位为 F0 情景时，水塘对 TP 和

PP 流失的削减率分别为 16.25%和 26.48%；而当田面水位为 F3 情景时，相应的削减率分别降低为 12.75%和 22.21%。

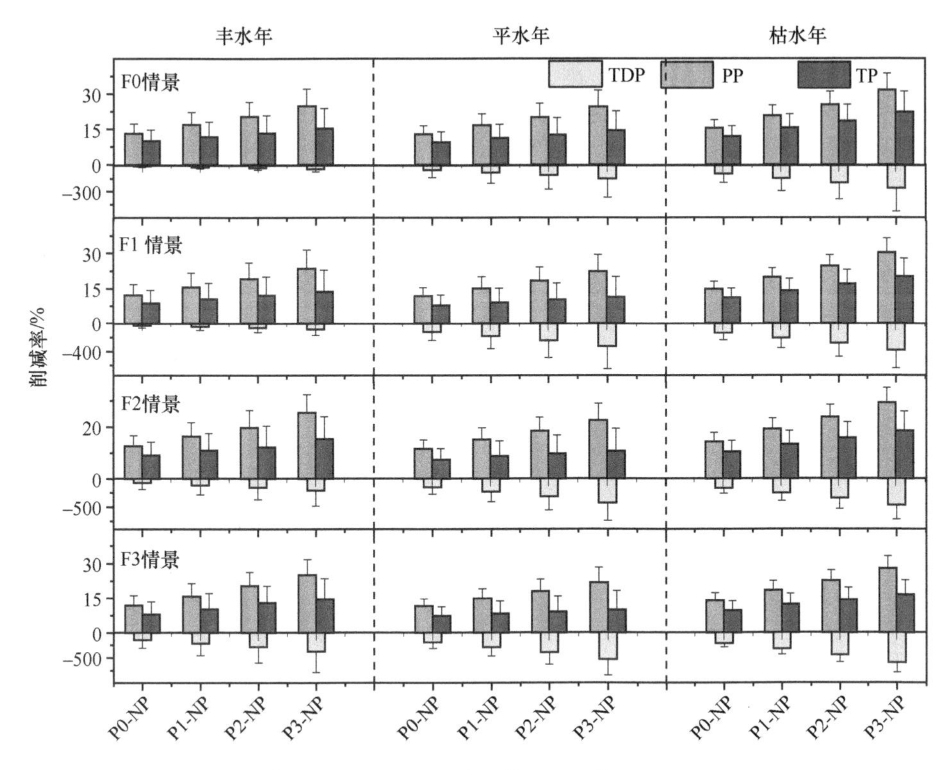

图 8-9　水塘优化下流域磷流失的削减率

8.3.4　田–沟–塘系统优化对流域氮磷流失的影响

为理解田–沟–塘系统优化对流域氮流失的影响，分析了 BL 和 OP 情景下洑水流域氮磷流失减排效果（表 8-6）。总体来看，与 CK 情景相比，BL 情景下流域 TN、ON-N 和 IN-N 流失的削减率分别为 11.25%、10.78%和 8.75%；OP 情景相应的削减率分别提高到 50.41%、58.59%和 14.30%。对于流域磷流失来说，与 CK 情景相比，BL 情景的流域 TP 和 PP 的削减率分别为 11.21%和 14.80%；OP 情景下相应的削减率分别提高到 49.00%和 51.60%。田–沟–塘系统优化增加了 TDP 流失负荷，BL 情景下增加了 50.65%，OP 情景下增加了 55.80%。

表 8-6　基础情景和最优情景下流域氮磷流失减排效果　（单位：%）

	TN	ON	IN	TP	PP	TDP
基础（BL）情景	11.25	10.78	8.75	11.21	14.80	–50.65
最优（OP）情景	50.41	58.59	14.30	49.00	51.60	–55.80

洑水流域内不同环节的氮流失迁移特征分析结果表明，OP 情景下，田面水位优化的氮磷流失的截留效果优于水塘优化，沟渠优化的截留效果最低（图 8-10）。流域氮流失的具体截留效果表现为：洑水流域年均氮流失负荷为 207.67 t，其中 51%的氮流失来自稻田。在田面水位优化、沟渠优化和水塘优化环节，流域氮流失负荷可分别减少 79.33 t TN/a、11.47 t TN/a 和 13.89 t TN/a，最终 102.97 t TN/a 的氮流失汇入附近水体。相比 BL 情景，OP 情景可减少 44.13%的氮流失。流域磷流失的具体截留效果表现为，流域年均磷流失负荷为 70.43 t，其中 46%的磷流失来自稻田。在田面水位优化、沟渠优化和水塘优化环节，流域氮流失负荷可分别减少 26.51 t TP/a、2.75 t TP/a 和 5.25 t TP/a，最终 35.92 t 的磷流失汇入附近水体。相比 BL 情景，OP 情景可减少 42.56%的磷流失。

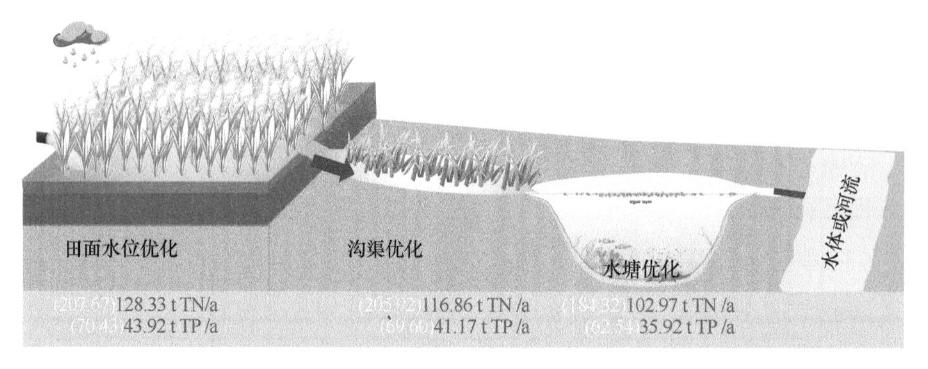

图 8-10　基础情景和最优情景下洑水流域磷流失的迁移特征（黄色和红色数字分别代表基础情景和最优情景下氮磷流失负荷）

8.4 讨　　论

8.4.1 稻作流域水分管理优化对流域氮磷流失的影响

我国南方长江流域和东南沿海水稻主产区稻田周围星落分布着很多沟渠和水塘，形成了独特的田–沟–塘系统（Li et al.，2020a）。稻作流域水分管理优化包括田面水位优化、沟渠阻控优化和水塘截留优化三个环节。在田面水位优化环节，提高稻田排水水位可以提高稻田水容量，从而减少径流发生量和氮磷流失量（Hitomi et al.，2010）。与常规田面水位管理相比，将排水水位提高到最优高度（F3 情景），稻田 TN 和 TP 流失量分别减少 93.95%和 81.46%。田面水位优化在枯水年的阻控效果优于丰水年。这是因为枯水年的降雨频率和降雨量较低，径流发生频率和径流量较低，甚至在特干旱年份没有降雨径流的产生，因此枯水年提高排水水位可有效降低或消除氮磷径流流失；而丰水年的降雨量大和降雨频率高，使得田面水位处于较高水平，稻田水容量较低，即便提高排水水位，丰水年的氮磷流失量仍然较大，因此田面水位优化在丰水年的氮磷截留效果远低于枯水年。另外，ON-N 和 PP 主要以土壤侵蚀的方式流失，IN-N 和 TDP 主要溶解于水中并随降雨径流流失（Ouyang et al.，2017b；Zhou et al.，2019）。提高稻田排水水位，不但减少了径流量，而且减少了降雨造成的土壤侵蚀，因此各种形态的氮磷都能被有效截留。

在沟渠优化环节，提高植草密度可有效提高沟渠对氮磷流失的削减率（田上等，2016）。本研究结果表明，植草密度提高后，沟渠对流域氮流失的削减率从 0.84%提高到 12.91%～26.72%，对流域磷流失的削减率从 1.18%提高到 8.05%～16.02%。在水塘优化环节，提高汇水面积后，水塘对氮流失的削减率从 10.50%提高到 13.16%～18.15%，对流域磷流失的削减率从 10.15%提高到 12.38%～16.52%。以上结果表明如果维护和改善好流域内沟塘系统，稻作区面源污染将会得到有效控制（Leh et al.，2018；吴迪和崔远来，2017）。随着田面排水水位的提高，沟塘系统对氮磷的截留效果降低。这是因为，沟塘系统对氮磷元素的截留效果与农田排水中氮磷浓度和负荷有关，流入沟塘的氮磷浓度越大，流失负荷量越大，沟塘的截留效果越高（Soana et al.，2017；Uusheimo et al.，2018）。提高排水水位可以减少稻田径流量和氮磷流失量，因此导致沟塘截留效果降低。ON-N 和 PP 是沟塘截留的主要形式，这是因为沟塘系能有效降低径流水中土壤颗粒的沉淀（Gathagu et al.，2018；Yan et al.，1988）。在不同水文年下，沟渠和水塘对氮磷流失的截留效果不同。沟渠的截留效果随着氮磷流失量的增加而增加，因此，在丰水年，氮磷流失量较大，沟渠的截留效果高于枯水年。水塘的截留效果除了与氮磷流失负荷有关外，还与水力停留时间和水塘的水容量有关（Yan et al.，1998；Zhang et al.，2019a）。枯水年的降雨量和降雨频率较低，稻田排水汇入水塘后有更多的水力停留时间，并且水塘的水容量较高，水塘水外排频率和外排量较低；而丰水年降雨量较多，水塘既要容纳稻田排水又要容纳自然降雨，使得水塘水容量较小，水力停留时间变短，水塘水外排频率增加。因此，在丰水年，水塘对氮磷流失的截留效果低于枯水年。

8.4.2　稻作流域水分管理优化对农业可持续发展的意义

结合第 4 章全生育期排水优化试验中水稻产量的结果和本章氮磷流失的模拟结果，系统分析了淠水流域水分管理优化最优情景下水稻产量、稻田水容量和流域氮磷流失量（图 8-11）。结果表明，稻作区水循环优化可以在保证水稻产量的同时，显著提高稻田水容量，并有效减少流域氮磷流失负荷。在田面水优化环节，提高排水水位可以有效截留降雨，减少稻田水外排，减少稻田氮磷流失量（Hitomi et al.，2010；Xiong et al.，2015）。通过提高稻田排水水位，截留的降雨和氮磷元素被储存在田面水中供水稻吸收，从而可以降低灌溉需水量，提高肥料利用率。在沟渠阻控和水塘净化环节，沟渠和水塘能够有效截留农田排水中的氮磷元素，且蓄积在沟塘系统中的水分可被用于稻田循环灌溉（Hama et al.，2011）。在稻作流域的实际管理中，可以通过修建植草沟渠连接农田和水塘，增加沟渠对氮磷流失的截留效率，提高水塘的汇水面积，使更多的农田排水先经过沟塘系统截留和净化后，再排入河流或湖泊。综上所述，在南方稻作流域充分利用田–沟–塘系统，建立基于源头减排（提高稻田排水水位）、过程阻控（提高沟渠植草密度）和末端净化（提高水塘汇水面积）相结合的多环节氮磷流失控制技术，可有效提高稻作区的水资源利用率，减少流域面源污染，从而促进农业可持续发展。

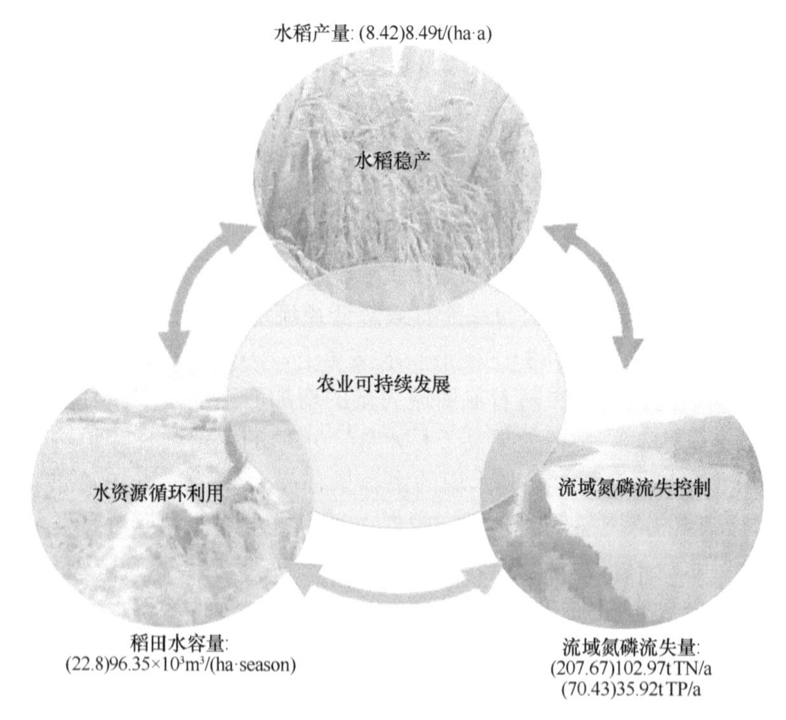

图 8-11 水循环最优情景下水稻产量、稻田水容量及流域氮磷流失量
（灰色数字代表基础情景下的值）

8.5 本章小结

本章利用流域水文模型，通过情景设置模拟了典型稻作流域水分管理优化下流域氮磷流失特征，研究了不同水文条件下单环节（田、沟、塘）水分管理优化对氮磷流失的截留效果，系统分析了多环节优化对流域氮磷流失迁移的影响，并

探讨了稻作流域水分管理优化对农业可持续发展的意义。主要结论如下：

（1）在田面水位优化环节，提高排水水位可以扩大稻田水容量，有效减少稻田氮磷流失量。与常规水位管理相比，排水水位优化后，稻田 TN 和 TP 流失量分别减少 7.92%和 51.45%以上。排水水位优化在枯水年的氮磷截留效果优于丰水年。

（2）在沟渠优化环节，提高植草密度后，沟渠对流域氮流失的削减率从 0.84%提高到 26.72%，对流域磷流失的削减率从 1.18%提高到 16.02%。沟渠优化在丰水年的氮磷截留效果优于枯水年。

（3）在水塘优化环节，提高汇水面积后，水塘对流域氮流失的削减率从 10.50%提高到 18.15%，对流域磷流失的削减率从 10.15 %提高到 16.52%。水塘优化在枯水年的氮磷截留效果优于丰水年。

（4）在多环节优化下，田沟塘系统对流域氮磷流失截留效果表现为：田面水位优化 > 水塘优化 > 沟渠优化。田–沟–塘系统水分管理最优情景下，田面水位、沟渠和水塘优化环节，流域氮流失负荷可分别减少 79.33 t TN/a、11.47 t TN/a 和 13.89 t TN/a，磷流失负荷可分别减少 26.51 t TP/a、2.75 t TP/a 和 5.25 t TP/a。稻作流域水分管理优化可以在保证水稻产量的同时，有效控制面源污染流失，促进农业可持续发展。

第 9 章　总结与展望

9.1　本书主要结论

本研究采用文献总结、田间试验、区域监测和模型模拟相结合的手段，系统评估了稻作流域水分管理优化对面源污染的防控效果。首先，利用 CiteSpace 软件的知识图谱可视化分析，阐述了稻作流域水分管理对面源污染流失的研究现状和热点；其次，通过田间试验，明确稻田氮磷流失关键生育期，识别关键生育期的排水水位阈值，探究排水水位优化对氮磷流失的影响；然后，结合田间试验结果和已有文献及国家或行业标准，编制了适用于我国不同稻作区的稻田控水减排技术规范，并评估了稻田水分管理优化耦合施肥管理优化下我国稻田氮素径流流失减排潜力；再次，通过田沟塘系统水质水量监测，分析沟塘系统中氮磷浓度动态变化规律，明晰沟塘系统对稻田氮磷流失的截留效果和机理；最后，在流域尺度上，利用水文模型研究田面水位、沟渠和水塘单环节优化对流域氮磷流失的截留效果，以及田沟塘系统多环节优化对流域氮磷迁移特征的影响。主要结论如下：

（1）国内外学者对稻作流域水分管理领域研究的关注度不断提高，我国在该领域的研究较为活跃。稻田生态系统的氮磷动态、水分生产力和水分利用效率是水分管理研究的重点，而且从田间尺度氮磷流失特征的研究转向流域尺度上稻田面源氮磷污染流失对邻近水体的污染风险研究。在不显著影响水稻产量安全的情况下（水稻产量–4.20%～6.5%），优化田间水分管理可减少灌溉用水 38.7%～40.0%、面源氮磷流失 25.5%～38.8%。未来研究主要会集中于水稻关键风险期的水分管理优化研究、稻作流域沟塘系统对面源氮磷污染流失的影响研究，以及全国范围内稻田水分管理优化的社会、环境和经济效益综合评估等方面。

（2）在平水年和丰水年，径流流失是稻田氮磷流失主要途径，返青期、分蘖期和拔节孕穗期是氮磷流失关键生育期，提高排水水位是减少氮磷流失的有效途径。虽然稻田渗漏水量大于径流水量，但径流水中氮磷浓度远高于渗漏水，因此在平水年和丰水年，径流流失为氮磷流失的主要途径。氮素流失主要以 ON-N 和 NH_4^+-N 为主，分别占 TN 流失总量的 45.13%和 35.67%以上，特别是在径流流失中占比分别为 49.35%和 46.82%。磷素流失主要以 PP 为主，占 TP 流失总量的 57.40%以上，特别是在径流流失中占比为 84.60%。稻田面源氮磷污染流失的关键生育期是水稻生长早期，即返青期、分蘖期和拔节孕穗期。稻田蓄水容量和降雨量是影响稻田径流流失的主要因素。25 mm 以下的降雨，稻田径流发生率低，超过 50 mm 的降雨时，径流发生率较高。

（3）合理的排水水位优化可以在保证水稻产量的同时，有效降低径流发生频率，减少氮磷流失。关键生育期淹水试验表明，随淹水深度和淹水时间的增加，水稻相对产量逐渐下降；分蘖期和孕穗期对淹水胁迫的敏感性高于其他时期。根据水稻产量与淹水时间和淹水深度的多元回归方程，得出淹水 2 d 且水稻不减产的情况下，分蘖期、拔节期、孕穗期和灌浆期的最大淹水深度分别为 95 mm、239 mm、127 mm 和 300 mm。随排水水位的提高，氮磷流失的阻控效果增强。在不显著降低水稻产量的情况下，排水水位从 50mm 提高到 80～150mm 可以有效减少 27.97%～78.94%的地表径流量，TN 径流流失量降低 35.17%～67.95%，TP 径流流失量降低 22.60%～83.79%。

（4）编制了我国水稻主产区不同种植模式下稻田控水减排技术规范。确定了不同稻区氮磷流失关键风险期，以及风险期的灌排技术要求。南方稻区：直播稻，风险期主要为整地泡田期、播种至三叶期和追肥后 2 周内；移栽稻，风险期主要为整地泡田期、返青期和追肥后 2 周内；北方稻区风险期主要为整地泡田期。泡田期，依据播种或移栽时适宜田面水位深度等条件确定灌水深度，田面水不应主动外排。直播稻播种至三叶期，湿润灌溉，及时排除田面积水。返青期、蘖肥和穗肥后 2 周内，浅水灌溉，田面水位超过耐淹水深时，应在耐淹历时内排至允许蓄水深度。非风险期，选择适宜的节水灌溉模式，耐淹水深和耐淹历时应符合《灌溉与排水工程设计标准》（GB50288-2018）中的规定。

（5）估算了我国稻田氮素径流流失时空分布和变化趋势，以及水肥优化管理下氮素径流流失减排潜力。1979～2015 年，我国水稻种植面积每年以 0.27%的速度缓慢减少，肥料施用强度和灌溉用水分别以每年 3.31%和 6.01%的速度增加。我国稻田氮素径流流失总量从 1979 年的 0.24 Tg/a 增长到 2015 年的 0.40 Tg/a。在全国尺度上，相比现状情景，若采用最佳施肥管理措施，化学氮肥用量可以降低 0.55 Tg/a 以上，氮素径流流失量可以减少 0.12 Tg/a；若采用最佳施肥和田间排水管理后，氮素径流流失量可以降低 0.19 Tg/a。因此，合理的稻田水分优化管理配合施肥优化管理可以在保证水稻产量的同时，有效减少稻田氮素径流流失，促进水稻生产的可持续发展。

（6）沟塘系统可减少稻作流域排水量，降低稻田排水中的氮磷浓度，从而有效减少稻作流域的氮磷流失。在稻田排水过程中，随水流的传输，氮磷浓度逐级递减，沟塘系统对 TN 和 TP 的平均削减率分别为 57.41%和 41.52%，并且以 ON-N，NH_4^+-N 和 PP 的截留为主。全生育期田–沟–塘系统中氮磷浓度波动较大，生育前期氮磷浓度较大，随水稻生长呈逐渐降低的趋势。沟塘系统可以降低氮磷浓度峰值，且延后峰值出现时间。田面水在施肥后第 1 d 出现浓度峰值，而沟渠和水塘分别在施肥后第 2～4 d 和第 7～8 d 出现浓度峰值。相比稻田，田沟塘系统的排水量、TN 流失量和 TP 流失量分别降低了 52.48%、48.62%和 36.88%。在稻田和田–沟–塘系统尺度上，水分因子的氮磷净通量均为正值，说明稻作流域对氮磷具有一定的容纳能力，是氮磷的“汇”。沟塘系统的存在减少了稻田直接排水产生的氮磷流失，提高了稻作流域的氮磷“汇”功能。

（7）稻作流域水分管理优化可以在保证水稻产量的同时，有效控制流域面源污染，促进农业可持续发展。从单环节优化来看，在田面水位优化环节，与常规水位管理相比，排水水位优化后，稻田 TN 和 TP 流失量分别减少 7.92%和 51.45%以上，并且排水水位优化在枯水年的氮磷截留效果优于丰水年；在沟渠优化环节，提高植草密度后，沟渠对流域氮流失的削减率从 0.84%提高到 26.72%，对流域磷流失的削减率从 1.18%提高到 16.02%，且沟渠优化在丰水年的氮磷截留效果优于枯水年；在水塘优化环节，提高汇水面积后，水塘对流域氮流失的削减率从 10.50%提高到 18.15%，对流域磷流失的削减率从 10.15 %提高到 16.52%，且水塘优化在枯水年的氮磷截留效果优于丰水年。从多环节优化来看，田–沟–塘系统对流域氮磷流失的截留效果表现为：田面水位优化 > 水塘优化 > 沟渠优化。田–沟–塘系统最优情景下，田面水位、沟渠和水塘优化环节，流域氮流失负荷可分别减少 79.33 t TN/a、11.47 t TN/a 和 13.89 t TN/a，磷流失负荷可分别减少 26.51 t TP/a、2.75 t TP/a 和 5.25 t TP/a。

9.2 本书创新点

本研究的特色与创新之处主要有以下三个方面：

（1）通过典型种植模式下稻田原位动态监测和水位控制试验，解析了稻田水文及氮磷流失特征，确定了稻田氮磷流失关键生育期及其水位阈值，明确了稻田控水减排技术的关键参数，研发了适用于我国不同稻区的稻田控水减排技术。

（2）利用典型流域田沟塘系统水质水量监测，探究了沟塘系统中氮磷动态变化规律，阐明了沟塘系统对氮磷流失截留效果和主要机制，揭示了沟塘系统的存在减少了稻田直接排水产生的氮磷流失，提高了稻作流域的氮磷“汇”功能。

（3）基于改进的 SWAT 模型田–沟–塘系统模块，系统分析了田、沟、塘多环节水分管理优化对流域氮磷流失迁移的影响，探讨了稻作流域水分管理优化对农业可持续发展的意义。

9.3 不足与展望

本研究通过文献总结、田间试验、区域监测和模型模拟相结合的手段，针对稻作流域面源污染流失防控，从源头减排、过程阻控和末端净化多环节开展水分管理优化研究。确定了我国不同种植模式下稻田水分管理优化的关键技术和参数，在全国尺度评估了水肥耦合优化管理对稻田氮素径流流失减排的潜力；识别出了稻作流域沟塘系统对稻田排水中氮磷流失的阻控效果，并在流域尺度上评估了多环节水分管理优化的综合减排效果，为我国稻作流域水分管理提供了重要的理论指导和技术支撑。但由于实际情况下稻田水位动态变化的复杂性、全国尺度氮素径流流失估算的不确定性，以及水分管理优化广泛实施等方面的限制，还存在着一些不足。未来可以在以下几个方面继续开展深入研究：①在田间尺度，系统研究不同施肥条件和灌排管理条件下稻田面源污染流失特征，为水肥一体化的水稻绿色生产技术提供理论支撑；②在田–沟–塘系统尺度，继续研究确定稻田生态系统最佳沟塘比和合理的沟塘蓄水容量；③在流域尺度，进一步深入研究稻作流域复杂的水文连通性及其对氮磷元素迁移转化的影响，明确面源污染近零排放的沟塘系统空间布局和氮磷截留容量等约束条件；④对不同尺度（田间、田–沟–塘系统、流域）水分管理优化下社会、环境和经济效益进行综合评估，以寻求环境友好型稻作流域水分管理措施。

参考文献

曹静静, 罗玉峰, 崔远来, 等. 2016. 考虑未来降水的南方水稻灌溉风险决策节水效果分析. 节水灌溉, 8: 144-148.
曹志洪, 林先贵, 杨林章, 等. 2005. 论“稻田圈”在保护城乡生态环境中的功能-稻田土壤磷素径流迁移流失的特征. 土壤学报, 42(5): 799-804.
陈栋, 缪子梅, 蒋坤, 等. 2020.节水灌溉模式下稻田氮素迁移与肥料氮利用. 江苏大学学报(自然科学版), 41(1): 34-38.
陈静蕊, 陈晓芬, 秦文婧, 等. 2020. 紫云英还田对江西早稻季田面水氮磷动态的影响. 生态环境学报, 29(7): 1352-1358.
成威威. 2018. 雨水深蓄对水稻生长及稻田减排效果效果影响研究. 扬州: 扬州大学.
崔远来, 袁宏源, 李远华. 1999. 考虑随机降雨时稻田高效节水灌溉制度. 水利学报, 7(7): 40-45.
代俊峰, 崔远来. 2009. 基于 SWAT 的灌区分布式水文模型-Ⅰ.模型构建的原理与方法. 水利学报, 40(2): 145-152.
邓海龙, 谢亨旺, 刘方平, 等. 2020. 江西省水稻蓄雨间歇灌溉模式初探. 灌溉排水学报, 34(9): 116-123.
董桂军, 陈兴良, 于洪娇, 等. 2019. 寒地水稻田不同整地模式对泡田水用量及产量性状的影响. 黑龙江科学, 10(16): 9-11
冯国禄, 许尤厚, 杨斌, 等. 2017. 不同蓄水深度的水分管理对稻田养分流失潜力的影响. 江西农业大学学报, 5: 35-40.
高焕芝, 彭世彰, 茆智, 等. 2009. 不同灌排模式稻田排水中氮磷流失规律. 节水灌溉, 9: 1-3, 7.
高焕芝, 彭世彰, 孙勇, 等. 2010. 稻田排水在沟塘湿地净化中总氮浓度的周期性特征. 河海大学学报, 38(2): 220-224.
高世凯, 俞双恩, 王梅, 等. 2017. 旱涝交替下控制灌溉对稻田节水及氮磷减排的影响. 农业工程学报, 33(5): 122-128.
耿芳, 刘连华, 欧阳威, 等. 2023. 长江流域典型单季稻田间水文及氮素流失特征. 农业环境科学学报, 42 (1): 132-141.
郭海瑞, 赵立纯, 窦超银. 2018. 稻田人工湿地氮磷去除机制及其研究进展. 江苏农业科学, 46(006): 23-26.
郭元裕. 1997. 农田水利学 (第三版). 北京: 中国水利水电出版社.
韩焕豪, 崔远来, 高蓉, 等. 2018. 不同水肥模式对水稻需水量及产量的影响—以洱海流域为例. 水利科学与寒区工程, 12: 13-19.
郝芳华, 程红光, 杨胜天. 2006. 面源污染模型: 理论方法与应用. 北京: 中国环境科学出版社.
何军, 崔远来, 吕露, 等. 2011. 沟渠及塘堰湿地系统对稻田氮磷污染的去除试验. 农业环境科学学报, 30(9): 1872-1879.
侯静文, 罗玉峰, 崔远来. 2013. 降雨预报准确度分析及其在水稻节水灌溉决策中的应用. 节水灌溉, 3: 24-30.
黄慧雯, 程吉林, 王明东, 等. 2019. 南方大型灌区水稻田灌溉制度实时优化方法研究. 灌溉排水学报, 38(1), 51-56.
黄瑜. 2021. 稻田水肥调控对氮磷流失影响和田沟塘对氮磷拦截研究. 合肥: 安徽农业大学.
贾忠华, 陈诚, 罗纨, 等. 2018. 农业排水沟塘系统污染物去除监测区代表性分析. 农业工程学报, 34(3): 110-117.
姜萍, 袁永坤, 朱日恒, 等. 2013. 节水灌溉条件下稻田氮素径流与渗漏流失特征研究. 农业环境科学学报, 32(08): 1592-1596.
景德道, 刁立平, 钱华飞, 等. 2008. 水稻直播与移栽的比较及相应育种策略. 江西农业学报, 20(07):17-20.
康绍忠, 蔡焕杰. 1996. 农业水管理学. 北京: 中国农业出版社.
李建生. 2016. 多级生态塘对稻田降雨径流氮磷的去除实验与模拟研究. 天津: 天津大学.
李竞春. 2019. 南方稻作区不同水肥调控方案对稻田水分利用、水稻生长与污染物排放的影响研究. 镇江:江苏大学.
李娟. 2016. 不同施肥处理对稻田氮磷流失风险及水稻产量的影响. 杭州: 浙江大学.
李如楠, 李玉娥, 王斌, 等. 2020. 双季稻减排增收的水氮优化管理模式筛选. 农业工程学报, 36(21): 105-113.
李玉凤, 刘红玉, 刘军志, 等. 2018. 农村多水塘系统景观结构对面源污染中氮截留效应的影响. 环境科学, 39(11): 161-168.
李远华, 崔远来, 杨常武, 等. 1997. 漳河灌区实时灌溉预报研究. 水科学进展, 8(3): 71-77.
梁新强, 田光明, 李华, 等. 2005. 天然降雨条件下水稻田氮磷径流流失特征研究. 水土保持学报, 19(1): 59-63.
刘宏斌, 邹国元, 范先鹏, 等. 2015. 农田面源污染监测方法与实践. 北京: 科学出版社.
刘连华, 欧阳威, 林春野, 等. 2022. 基于文献计量的锑对农作物影响研究趋势[J]. 中国环境科学, 42(10): 4798-4806.
刘路广, 陈扬, 吴瑕, 等. 2020. 不同水肥综合调控模式下水稻生长特征、水肥利用率及氮磷流失规律. 中国农村水利水电, 12: 67-76.
卢成, 郑世宗, 胡荣祥. 2014. 不同水肥模式下稻田氮渗漏和挥发损失的 15N 同位素示踪研究. 灌溉排水学报, 33(3): 107-109.
路路, 戴尔阜, 程千钉, 等. 2020. 三江平原水田排水期氮素输出特征研究. 地理研究, 39(2): 473-482.
罗万琦, 吕辛未, 吴从林, 等. 2021. 中国主要稻区水稻灌溉需求变化及其规律分析. 节水灌溉, 12: 1-7.
罗维钢, 黄忠华, 李春力, 等. 2020. “薄, 浅, 湿, 晒”与节水控灌两种灌溉模式对水稻耗水量和产量的影响. 广西水利水电, (5): 1-4.
茆智. 2002. 水稻节水灌溉及其对环境的影响. 中国工程科学, 4(7): 8-16.
牛世伟, 徐嘉翼, 隋世江, 等. 2024. 灌溉方式对施肥时期田面水氮磷浓度及水稻生育性状影响. 吉林农业大学学报, 46(2): 197-204.
潘少斌, 刘路广, 吴瑕, 等. 2019. 湖北省早稻灌溉定额修订方法研究. 节水灌溉, (08): 108-119.
彭世彰, 高焕芝, 张正良. 2010. 灌区沟塘湿地对稻田排水中氮磷的原位削减效果及机理研究. 水利学报, 41(4): 406-411.

彭世彰, 熊玉江, 罗玉峰, 等. 2013.稻田与沟塘湿地协同原位削减排水中氮磷的效果. 水利学报, 39(6): 657-663.

邵长秀, 潘学标, 李家文, 等. 2019. 不同生育阶段洪涝淹没时长对水稻生长发育及产量构成的影响. 农业工程学报, 35(3): 125-133.

石敦杰. 2018. 氮磷肥减量与生态沟渠拦截对农田氮磷面源污染防控效果研究. 长沙: 湖南农业大学.

石丽红, 纪雄辉, 李洪顺, 等. 2010. 湖南双季稻田不同氮磷施用量的径流损失. 中国农业气象, 31(04): 551-557.

孙国峰, 张丽萍, 周炜, 等. 2018. 连续施用猪粪有机肥的高产稻田氮磷钾径流流失特征. 江苏农业科学, 46(23): 349-351.

孙海正. 2012. 直播栽培在黑龙江省水稻生产中的应用与技术措施.中国种业, 2: 60-61.

单立楠, 丁能飞, 王洪才, 等. 2013. 蔬菜地面源污染生态拦截系统与效果. 农业工程学报, 29(20): 168-178.

孙亚亚, 俞双恩, 陈军, 等. 2014. 暴雨条件下不同灌排模式稻田排水中氮磷变化规律. 河海大学学报, 42: 455-459.

田上, 沙之敏, 岳玉波, 等. 2016. 不同类型沟渠对农田氮磷流失的拦截效果. 江苏农业科学, 44(4): 361-365.

王斌, 周永进, 许有尊, 等. 2014. 不同淹水时间对分蘖期中稻生育动态及产量的影响. 中国稻米, 20(1): 68-72.

王春雪, 李敏, 陈建军, 等. 2019. 不同牛粪化肥配施比例下水稻田-沟-塘系统的水质及植物特征. 生态与农村环境学报, 35(4): 506-514.

王建文, 闻源长, 肖梦华. 2018. 南方地区水肥调控下水稻灌区节水减污效果研究. 水利科学与寒区工程, 1(11): 15-19.

王姣, 俞双恩, 李彧伟, 等. 2018. 应用 DRAINMOD-N Ⅱ 模型对暴雨后稻田排水量和氮素模拟. 水资源与水工程学报, 29: 246-252.

王静, 郭熙盛, 王允青, 等. 2010. 保护性耕作与平衡施肥对巢湖流域稻田氮素径流损失及水稻产量的影响研究. 农业环境科学学报, 29(6): 1164-1171.

王矿, 王友贞, 汤广民. 2014. 分蘖期水稻对淹水胁迫的响应规律研究. 灌溉排水学报, 33(6): 58-60, 91.

王矿, 王友贞, 汤广民, 2015. 水稻拔节孕穗期淹水对产量要素的影响. 灌溉排水学报, 34(9): 40-43.

王麒, 曾宪楠, 冯延江, 等. 2019. 基于文献计量的水稻研究态势分析. 中国稻米, 25(4): 22-26.

王伟, 白军红, 张玲, 等. 2021. 基于 Cite Space 的生物质炭对土壤氮循环影响的文献计量分析. 北京师范大学学报(自然科学版), 57(1): 76-85.

王晓玲, 李建生, 李松敏, 等. 2017. 生态塘对稻田降雨径流中氮磷的拦截效应研究. 水利学报, 48(3): 291-298.

魏鹏. 2018. SWAT 模型优化及冻融农区面源污染关键源区控制研究. 北京: 北京师范大学.

吴迪, 崔远来. 2017. 塘堰调控对未来气候变化下典型灌区氮负荷排放的影响. 灌溉排水学报, 36(2): 20-24.

吴迪. 2019. 基于改进 SWAT 模型的灌区回归水利用及灌溉用水平均研究. 武汉: 武汉大学.

吴启侠, 杨威, 朱建强, 等. 2014. 杂交水稻对淹水胁迫的响应及排水指标研究. 长江流域资源与环境, 6: 875-882.
吴蕴玉, 张展羽, 郝树荣, 等. 2019. 不同灌溉模式稻田氮素淋失特征. 节水灌溉, 283(3): 71-75.
夏超凡, 洪大林, 和玉璞, 等. 2020. 干湿循环作用下稻田地下水补给过程变化特征. 灌溉排水学报, 39(5): 91-97.
夏小江. 2012. 太湖地区稻田氮磷养分径流流失及控制技术研究. 南京: 南京农业大学.
谢春娇, 朱建强, 吴启侠, 等. 2019. 不同栽植方式下杂交中稻分蘖期田间适宜蓄水深度研究. 灌溉排水学报, 38(11): 58-64.
谢春娇. 2020. 中稻分蘖期雨后田间适宜蓄水研究. 荆州: 长江大学.
谢亨旺, 邓海龙, 付桃秀, 等. 2019. 不同节水灌溉模式的减排效果研究. 江西水利科技, 45(6): 396-402.
谢阳村, 徐敏, 高世凯, 等. 2021. 基于 DRAINMOD 模型的不同灌排模式稻田水氮运移模拟. 灌溉排水学报, 40(4): 37-44.
熊剑英, 刘方平. 2012. 江西水利普查灌区水稻灌溉用水定额计算方法浅析. 中国水利, 12: 55-56.
许怡, 吴永祥, 王高旭, 等. 2019. 小区和田块尺度下水稻不同灌溉模式的节水减污效应分析. 灌溉排水学报, 38(5): 62-68.
闫百兴, 邓伟, 汤洁. 2002. 松嫩平原西部稻田回归水中污染物的输出规律. 上海环境科学, 21(10): 583-587.
于飞, 施卫明. 2014. 基于文献计量学的国内外面源污染研究进展分析. 中国农学通报, 30(5): 242-248.
俞双恩, 李偲, 高世凯, 等. 2018. 水稻控制灌排模式的节水高产减排控污效果. 农业工程学报, 34: 128-136.
俞双恩, 张展羽, 陶长生, 等. 2001. 江苏省水稻节水灌溉技术推广模式. 灌溉排水, 20(3): 33-36, 40.
曾招兵, 艾绍英, 姚建武, 等. 2010. 珠三角地区施肥对早稻氮素径流流失的影响. 广东农业科学, 37(9): 27-30.
张富林, 吴茂前, 夏颖, 等. 2019. 江汉平原稻田田面水氮、磷变化特征研究. 土壤学报, 56(5): 1214-1224.
张培培, 李琼, 阚红涛, 等. 2014. 基于 SWAT 模型的植草河道对非点源污染控制效果的模拟研究. 农业环境科学学报, 33(6): 1204-1209.
张亚莹. 2016. 沟塘湿地对农田排水氮磷污染的截留作用研究. 南京: 南京林业大学.
张燕. 2013. 农田排水沟渠对氮磷的去除效应及管理措施. 北京: 中国科学院研究生院.
张志剑, 王兆德, 姚菊祥, 等. 2007. 水文因素影响稻田氮磷流失的研究进展. 生态环境, 16: 1789-1794.
张子璐, 刘峰, 侯庭钰. 2019. 我国稻田氮磷流失现状及影响因素研究进展. 应用生态学报, 30(10): 3292-3302.
甄若宏. 2007. 稻鸭(萍)共作系统的主要生态环境效应及其作用机制研究. 南京: 南京农业大学.
周静雯, 苏保林, 黄宁波, 等. 2016. 不同灌溉模式下水稻田径流污染试验研究. 环境科学, 37(3): 963-969.
Abbaspour K C, Yang J, Maximov I, et al. 2007. Modelling hydrology and water quality in the pre-alpine/alpine Thur watershed using SWAT. Journal of Hydrology, 333 (2-4): 413-430.
Allen R G, Pereira L S, Raes D, et al. 1998. Crop Evapotranspiration-Guidelines for Computing Crop

Water Requirements. FAO Irrigation & Drainage Paper 56.
Arnold J G, Srinivasan R, Muttiah R S, et al. 1998. Large area hydrologic modeling and assessment part I: model development. Journal of American Water Resources Association, 34 (1): 73-89.
Aziz O, Hussain S, Rizwan M, et al. 2018. Increasing water productivity, nitrogen economy, and grain yield of rice by water saving irrigation and fertilizer-N management. Environmental Science and Pollution Research, 25: 16601-16615.
Baba Y G, Tanaka K. 2016. Factors affecting abundance and species composition of generalist predators (Tetragnatha spiders) in agricultural ditches adjacent to rice paddy fields. Biological Control, 103: 147-153.
Behera S N, Sharma M, Aneja V P, et al. 2013. Ammonia in the atmosphere: a review on emission sources, atmospheric chemistry and deposition on terrestrial bodies. Environmental Science and Pollution Research, 20: 8092-8131.
Bosch N S. 2008. The influence of impoundments on riverine nutrient transport: An evaluation using the Soil and Water Assessment Tool. Journal of Hydrology. 355(1-4): 131-147.
Cao Y S, Tian Y H, Yin B, et al. 2013. Assessment of ammonia volatilization from paddy fields under crop management practices aimed to increase grain yield and N efficiency. Field Crops Research, 147: 23-31.
Carrijo D R, Lundy M E, Linquist B A.2017. Rice yields and water use under alternate wetting and drying irrigation: A meta-analysis. Field Crops Research, 203: 173-180.
Chen L, Liu F, Wang Y. 2017. Nitrogen removal in an ecological ditch receiving agricultural drainage in subtropical central China. Ecological Engineering, 82, 487-492.
Chen S Y, Ouyang W, Hao F H, et al. 2013. Combined impacts of freeze-thaw processes on paddy land and dry land in Northeast China. Science of the Total Environment, 456-457: 24-33.
Chen X, Cui Z, Fan M, et al. 2014. Producing more grain with lower environmental costs. Nature, 514: 486-489.
Chen X, Yang S H, Jiang Z W, et al. 2021. Biochar as a tool to reduce environmental impacts of nitrogen loss in water-saving irrigation paddy field. Journal of Cleaner Production, 290: 125811.
Christopher S F, Tank J L, Mahl U H, et al. 2017. Modeling nutrient removal using watershed-scale implementation of the two-stage ditch. Ecological Engineering, 108: 358-369.
Cui X T, Guo X Y, Wang Y D, et al. 2019. Application of remote sensing to water environmental processes under a changing climate. Journal of Hydrology, 574: 892-902.
Cui Z, Vitousek P M, Zhang F, et al. 2016. Strengthening agronomy research for food security and environmental quality. Environmental Science & Technology, 50: 1639-1641.
Dakhlalla A O, Parajuli P B. 2016. Evaluation of the Best Management Practices at the Watershed Scale to Attenuate Peak Streamflow Under Climate Change Scenarios. Water Resources Management, 30(3): 963-982.
Darzi-Naftchali A, Shahnazari A, Karandish F. 2017. Nitrogen loss and its health risk in paddy fields under different drainage managements. Paddy Water Environment, 15: 145-157.
Davis K F, Rulli M C, Seveso A, et al. 2017. Increased food production and reduced water use through optimized crop distribution. Nature Geoscience, 10: 919-924.
Dollinger J, Dagès C, Bailly J S. 2015. Managing ditches for agroecological engineering of landscape: a review. Agronomy for Sustainable Development, 35: 999-1020.
FAO, 2019. http://www.fao.org/faostat/zh/#data.
Folberth C, Khabarov N, Balkovič J, et al. 2020. The global cropland-sparing potential of high-yield farming. Natural Sustainability, 3: 281-289.
Fu D, Gong W, Xu Y, et al. 2014. Nutrient mitigation capacity of agricultural drainage ditches in Tai

lake basin. Ecological Engineering, 71(71): 101-107.

Fu J, Jian Y, Wu L, et al. 2021. Nationwide estimates of nitrogen and phosphorus losses via runoff from rice paddies using data-constrained model simulations. Journal of Cleaner Production, 279: 123642.

Fu J, Wu Y, Wang Q, et al. 2019. Importance of subsurface fluxes of water, nitrogen and phosphorus from rice paddy fields relative to surface runoff. Agricultural Water Management, 213: 627-635.

Gao S, Xu P, Zhou F, et al. 2016. Quantifying nitrogen leaching response to fertilizer additions in China's cropland. Environmental Pollution, 211(211): 241-251.

Gao X, Ouyang W, Hao Z, et al. 2017. Farmland-atmosphere feedbacks amplify decreases in diffuse nitrogen pollution in a freeze-thaw agricultural area under climate warming conditions. Science of the Total Environment, 579: 484-494.

Gathagu J N, Sang J K, Maina C W. 2018. Modelling the impacts of structural conservation measures on sediment and water yield in Thika-Chania Catchment, Kenya. International Soil and Water Conservation Research, 6: 165-174.

Good A G, Beatty P H. 2011. Fertilizing nature: a tragedy of excess in the commons. PLOS Biology, 9: 1-9.

Gu B, Ju X, Chang J, et al. 2015. Integrated reactive nitrogen budgets and future trends in China. Proceedings of the National Academy of Sciences of the United States of America, 112: 8792-8797.

Hama T, Nakamura K, Kawashima S, et al. 2011. Effects of cyclic irrigation on water and nitrogen mass balances in a paddy field. Ecological Engineering, 37: 1563-1566.

Hansen A T, Dolph C L, Foufoula-Georgiou E, et al. 2018. Contribution of wetlands to nitrate removal at the watershed scale. Nature Geoscience, 11: 127-132.

He G, Wang Z, Cui Z. 2020. Managing irrigation water for sustainable rice production in China. Journal of Cleaner Production, 245: 118928.

He Y, Zhang J, Yang S, et al. 2019. Effect of controlled drainage on nitrogen losses from controlled irrigation paddy fields through subsurface drainage and ammonia volatilization after fertilization. Agricultural Water Management, 221: 231-237.

Heffer P. 2013. Assessment of fertilizer use by crop at the global level. Paris: International Fertilizer Industry Association.

Hellsten S, Dragosits U, Place C J, et al. 2008. Modelling the spatial distribution of ammonia emissions in the UK. Environmental Pollution, 154: 370-379.

Hitomi T, Iwamoto Y, Miura A, et al. 2010. Water-saving irrigation of paddy field to reduce nutrient runoff. Journal of Environmental Sciences, 22: 885-891.

Hou X K, Zhan X Y, Zhou F, et al. 2018. Detection and attribution of nitrogen runoff trend in China's croplands. Environmental Pollution, 234: 270-278.

Hou X K, Zhou F, Leip A, et al. 2016. Spatial patterns of nitrogen runoff from Chinese paddy fields. Agriculture, Ecosystems & Environment, 231: 246-254.

Hua L, Liu J, Zhai L, et al. 2017. Risks of phosphorus runoff losses from five Chinese paddy soils under conventional management practices. Agriculture, Ecosystems & Environment, 245: 112-123.

Hua L, Zhai L, Liu J, et al. 2019a. Characteristics of nitrogen losses from a paddy irrigation-drainage unit system. Agriculture, Ecosystems & Environment, 285: 106629.

Hua L, Zhai L, Liu J, et al. 2019b. Effect of irrigation-drainage unit on phosphorus interception in paddy field system. Journal of Environmental Management, 235: 319-327.

Huang J, Gao J, Yan R. 2016. How can we reduce phosphorus export from lowland polders?

Implications from a sensitivity analysis of a coupled model. Science of the Total Environment, 562: 946-952.

Huang J, Huang Z, Jia X, et al. 2015. Long-term reduction of nitrogen fertilizer use through knowledge training in rice production in China. Agricultural Systems, 135: 105-111.

Huang N, Su B, Li R, et al. 2014. A field-scale observation method for non-point source pollution of paddy fields. Agricultural Water Management, 146: 305-313.

Ismail A M, Singh U S, Singh S, et al. 2013. The contribution of submergence-tolerant (Sub1) rice varieties to food security in flood-prone rainfed lowland areas in Asia. Field Crops Research, 152: 83-93.

Jeong H, Kim H, Jang T, et al. 2016. Assessing the effects of indirect wastewater reuse on paddy irrigation in the Osan River watershed in Korea using the SWAT model. Agricultural Water Management, 163: 393-402.

Jia Z, Chen W, Luo W, et al. 2019. Hydraulic conditions affect pollutant removal efficiency in distributed ditches and ponds in agricultural landscapes. Science of the Total Environment, 649: 712-721.

Ju X T, Xing G X, Chen X P, et al. 2009. Reducing environmental risk by improving N management in intensive Chinese agricultural systems. Proceedings of the National Academy of Sciences of the United States of America, 106: 3041-3046.

Jung J W, Yoon K S, Choi D H, et al. 2012. Water management practices and SCS curve numbers of paddy fields equipped with surface drainage pipes. Agricultural Water Management, 110: 78-83.

Kalcic M M, Frankenberger J, Chaubey I. 2015. Spatial optimization of six conservation practices using SWAT in tile-drained agricultural watersheds. Journal of the American Water Resources Association, 51(4): 956-972.

Kato Y, Collard B C, Septiningsih E M, et al. 2014. Physiological analyses of traits associated with tolerance of long-term partial submergence in rice. AoB Plants, 6: 58.

Keating B A, Peter S, Carberry P S, et al. 2010. Eco-efficient agriculture: concepts, challenges, and opportunities. Crop Science, 50: 109-119.

Kim J S, Oh S Y, Oh K Y. 2006. Nutrient runoff from a Korean rice paddy watershed during multiple storm events in the growing season. Journal of Hydrology, 327(1-2): 128-139.

Kotera A, Nawata E. 2007. Role of plant height in the submergence tolerance of rice: A simulation analysis using an empirical model. Agricultural Water Management, 89: 49-58.

Kröger R, Moore M T. 2011. Phosphorus dynamics within agricultural drainage ditches in the lower Mississippi Alluvial Valley. Ecological Engineering, 37(11): 1905-1909.

Krupa M, Tate K W, Kessel C V, et al. 2011. Water quality in rice growing watersheds in a Mediterranean climate. Agriculture Ecosystems & Environment, 144: 290-301.

Kumar V, Jha P. 2015. Influence of herbicides applied postharvest in wheat stubble on control, fecundity, and progeny fitness of Kochia scoparia in the US Great Plains. Crop Protection, 71(5): 144-149.

Kummu M, Guillaume J H, De M H, et al. 2016. The world's road to water scarcity: shortage and stress in the 20th century and pathways towards sustainability. Scientific Reports, 6: 38495.

Kumwimba M N, Meng F, Iseyem, O, et al. 2018. Removal of non-point source pollutants from domestic sewage and agricultural runoff by vegetated drainage ditches (VDDs): Design, mechanism, management strategies, and future directions. Science of the Total Environment, 639: 742-759.

Lampayan R M, Rejesus R M, Singleton G R, et al. 2015. Adoption and economics of alternate wetting and drying water management for irrigated lowland rice. Field Crops Research, 170: 95-108.

Leh M D K, Sharpley A N, Singh G, et al. 2018. Assessing the impact of the MRBI program in a data limited Arkansas watershed using the SWAT model. Agricultural Water Management, 202: 202-219.

Li S, Liu H, Zhang L, et al. 2020a. Potential nutrient removal function of naturally existed ditches and ponds in paddy regions: Prospect of enhancing water quality by irrigation and drainage management. Science of the Total Environment, 718: 137418.

Li X, Zhang W, Zhao C, et al. 2020b. Nitrogen interception and fate in vegetated ditches using the isotope tracer method: A simulation study in northern China. Agricultural Water Management, 228: 105893.

Lian Z M, Ouyang W, Liu H B, et al. 2021. Ammonia volatilization modeling optimization for rice watersheds under climatic differences. Science of the Total Environment, 767: 144710.

Lian Z, Ouyang W, Hao F, et al. 2018. Changes in fertilizer categories significantly altered the estimates of ammonia volatilizations induced from increased synthetic fertilizer application to Chinese rice fields. Agriculture Ecosystems & Environment, 265: 112-122.

Liang K, Zhong X, Pan J, et al. 2019. Reducing nitrogen surplus and environmental losses by optimized nitrogen and water management in double rice cropping system of South China. Agriculture Ecosystems & Environment, 286: 106680.

Liao P, Sun Y N, Zhu X C, et al. 2021. Identifying agronomic practices with higher yield and lower global warming potential in rice paddies: a global meta-analysis. Agriculture Ecosystems & Environment, 322: 107663.

Liu G, Chen L, Wei G, Shen Z. 2019. New framework for optimizing best management practices at multiple scales. Journal of Hydrology, 578: 124133.

Liu L H, Ouyang W, Liu H B, et al. 2021a. Potential of paddy drainage optimization to water and food security in China. Resour. Resources, Conservation & Recycling, 171: 105624.

Liu L H, Ouyang W, Liu H B, et al. 2021b. Drainage optimization of paddy field watershed for diffuse phosphorus pollution control and sustainable agricultural development. Agriculture Ecosystems & Environment, 308: 107238.

Lu B, Shao G, Yu S, et al. 2016. The effects of controlled drainage on N concentration and loss in paddy field. Journal of Chemistry, 2016, 1073691: 1-9.

Lu X, Cheng G. 2009. Climate change effects on soil carbon dynamics and greenhouse gas emissions in Abies fabri forest of subalpine, southwest China. Soil Biology and Biochemistry, 41: 1015-1021.

Ma L, Tong W, Chen H, et al. 2018. Quantification of N2O and NO emissions from a small-scale pond-ditch circulation system for rural polluted water treatment. Science of the Total Environment, 619-620: 946-956.

Macdonald G K, Bennett E M, Potter P A, et al. 2011. Agronomic phosphorus imbalances across the world's croplands. Proceedings of the National Academy of Sciences of the United States of America, 108(7): 3086-3091.

Maruyama A, Kuwagata T. 2010. Coupling land surface and crop growth models to estimate the effects of changes in the growing season on energy balance and water use of rice paddies. Agricultural and Forest Meteorology, 150: 919-930.

Maruyama A, Nemoto M, Hamasaki T, et al. 2017. A water temperature simulation model for rice paddies with variable water depths. Water Resources Research, 53: 10065-10084.

Mayo A W, Abbas M. 2014. Removal mechanisms of nitrogen in waste stabilization ponds. Physics and Chemistry of the Earth, 72-75: 77-82.

Mayo A W, Muraza M, Norbert J. 2018. Modelling nitrogen transformation and removal in Mara river basin wetlands upstream of lake Victoria. Physics and Chemistry of the Earth, 105: 136-146.

Meng Q. Wang H, Yan P, et al. 2016. Designing a new cropping system for high productivity and sustainable water usage under climate change. Scientific Reports, 7: 41587.

Min J, Shi W. 2018. Nitrogen discharge pathways in vegetable production as non-point sources of pollution and measures to control it. Science of the Total Environment, 613-614: 123-130.

Minamikawa K, Fumoto T, Iizumi T, et al. 2016. Prediction of future methane emission from irrigated rice paddies in central Thailand under different water management practices. Science of the Total Environment, 566-567: 641-651.

Monaco F, Sali G. 2018. How water amounts and management options drive irrigation water productivity of rice. A multivariate analysis based on field experiment data. Agricultural Water Management, 195: 47-57.

Moore M T, Denton D L, Cooper C M, et al. 2008. Mitigation assessment of vegetated drainage ditches for collecting irrigation runoff in California. Journal of Environmental Quality, 37: 486-493.

Moore M T, Kröger R, Locke M A, et al. 2010. Nutrient mitigation capacity in Mississippi Delta, USA drainage ditches. Environmental Pollution, 158(1): 175-184.

Moroizumi T, Hamada H, Sukchan S, et al. 2009. Soil water content and water balance in rainfed fields in Northeast Thailand. Agricultural Water Management, 96(1): 160-166.

Ouyang W, Chen S, Wang X, et al. 2015. Paddy rice ecohydrology pattern and influence on nitrogen dynamics in middle-to-high latitude area. Journal of Hydrology, 529: 1901-1908.

Ouyang W, Gao X, Wei P, et al. 2017a. A review of diffuse pollution modeling and associated implications for watershed management in China. Journal of Soils Sediments. 17: 1527-1536.

Ouyang W, Lian Z, Hao X, et al. 2018b. Increased ammonia emissions from synthetic fertilizers and land degradation associated with reduction in arable land area in China. Land Degradation & Development, 29: 3928-3939.

Ouyang W, Wang Y, Lin C, et al. 2018a. Heavy metal loss from agricultural watershed to aquatic system: A scientometrics review. Science of the Total Environment, 637-638: 208-220.

Ouyang W, Xu X, Hao Z, et al. 2017b. Effects of soil moisture content on upland nitrogen loss. Journal of Hydrology, 546: 71-80.

Owamah H I, Enaboifo M A, Izinyon O C. 2014. Treatment of wastewater from raw rubber processing industry using water lettuce macrophyte pond and the reuse of its effluent as biofertilizer. Agricultural Water Management, 146(146): 262-269.

Saharia A M, Sarma A K. 2018. Future climate change impact evaluation on hydrologic processes in the Bharalu and Basistha basins using SWAT model. Natural Hazards, 92(3): 1463-1488.

Sakaguchi A, Eguchi S, Kato T, et al. 2014. Development and evaluation of a paddy module for improving hydrological simulation in SWAT. Agricultural Water Management, 137(1): 116-122.

Samoy-Pascual K B, Sibayan E S, Grospe F T, et al. 2019. Is alternate wetting and drying irrigation technique enough to reduce methane emission from a tropical rice paddy? Soil Science and Plant Nutrition, 65(2): 203-207.

Sandhu N, Subedi S R, Yadaw R B, et al. 2017. Root traits enhancing rice grain yield under alternate wetting and drying condition. Frontiers in Plant Science, 8: 1879-1891.

Sarangi S K, Maji B, Singh S, et al. 2016. Using improved variety and management enhances rice productivity in stagnant flood -affected tropical coastal zones. Field Crops Research, 190: 70-81.

Schmadel N M, Harvey J W, Alexander R B, et al. 2018. Thresholds of lake and reservoir connectivity in river networks control nitrogen removal. Nature Communications, 9: 2779.

Shahbaz M, Dawe D, Lin H, et al. 2007. An assessment of collective action for pond management in Zhanghe Irrigation System (ZIS), China. Agricultural Systems, 92: 140-156.

Shao G, Deng S, Liu N, et al. 2014. Effects of controlled irrigation and drainage on growth, grain yield and water use in paddy rice. European Journal of Agronomy, 53: 1-9.

Shen W, Li S, Mi M, et al. 2021. What makes ditches and ponds more efficient in nitrogen control? Agriculture, Ecosystems & Environment, 314: 107409.

Singh A, Septiningsih E M, Balyan H S, et al. 2017. Genetics, physiological mechanisms and breeding of flood-tolerant rice (Oryza sativa L.). Plant and Cell Physiology, 58: 185-197.

Soana E, Balestrini R, Vincenzi F, et al. 2017. Mitigation of nitrogen pollution in vegetated ditches fed by nitrate-rich spring waters. Agriculture, Ecosystems & Environment, 243: 74-82.

Soana E, Bartoli M, Fano B, et al. 2019. An ounce of prevention is worth a pound of cure: Managing macrophytes for nitrate mitigation in irrigated agricultural watersheds. Science of the Total Environment, 647: 301-312.

Sriphirom P, Chidthaisong A, Towprayoon S. 2019. Effect of alternate wetting and drying water management on rice cultivation with low emissions and low water used during wet and dry season. Journal of Cleaner Production, 223: 980-988.

Sun C, Che L, Zhu H, et al. 2021. New framework for natural-artificial transport paths and hydrological connectivity analysis in an agriculture-intensive catchment. Water Research, 196: 117015.

Sutherland D L, Heubeck S, Park J, et al. 2018. Seasonal performance of a full-scale wastewater treatment enhanced pond system. Water Research, 136: 150-159.

Takeda I, Fukushima A. 2006. Long-term changes in pollutant load outflows and purification function in a paddy field watershed using a cyclic irrigation system. Water Research. 40: 569-578.

Tian L, Akiyama H, Zhu B, et al. 2018. Indirect N2O emissions with seasonal variations from an agricultural drainage ditch mainly receiving interflow water. Environmental Pollution, 242: 480-491.

Tilman D, Balzer C, Hill J, et al. 2011. Global food demand and the sustainable intensification of agriculture. Proceedings of the National Academy of Sciences, 108: 20260-20264.

Tuppad P, Santhi C, Williams J R. 2009. Best management practice (BMP) verification using observed water quality data and watershed planning for implementation of BMPs. Blackland Research and Extension Center Report, pp. 65.

Usio N, Nakagawa M, Aoki T, et al. 2017. Effects of land use on trophic states and multi-taxonomic diversity in Japanese farm ponds. Agriculture, Ecosystems & Environment, 247: 205-215.

Uusheimo S, Tulonen T, Aalto S L, et al. 2018. Mitigating agricultural nitrogen load with constructed ponds in northern latitudes: A field study on sedimental denitrification rates. Agriculture, Ecosystems & Environment, 261: 71-79.

Van Grinsven H J, Holland M, Jacobsen B H, et al. 2013. Costs and benefits of nitrogen for Europe and implications for mitigation. Environmental Science & Technology, 47: 3571-3579.

Vergara G V, Nugraha Y, Esguerra M Q, et al. 2014. Variation in tolerance of rice to long-term stagnant flooding that submerges most of the shoot will aid in breeding tolerant cultivars. AoB Plants, 6: plu055.

Vymazal J, Březinová T D. 2018. Removal of nutrients, organics and suspended solids in vegetated agricultural drainage ditch. Ecological Engineering, 118: 97-103.

Wallacea C W, Flanagana D C, Engel B A, 2017. Quantifying the effects of conservation practice implementation on predicted runoff and chemical losses under climate change. Agricultural Water Management, 186: 51-65.

Wang J, Liang Z, Hu Y, Wang D. 2015. Modified weighted function method with the incorporation of historical floods into systematic sample for parameter estimation of Pearson type three distribution. Journal of Hydrology, 527: 958-966.

Wang X, Li J, Li S, et al. 2017. A study on removing nitrogen from paddy field rainfall runoff by an ecological ditch–zeolite barrier system. Environmental Science and Pollution Research, 24(5): 1-14.

Wang Z Y, Shao G C, Lu J, et al. 2020. Effects of controlled drainage on crop yield, drainage water quantity and quality: A meta-analysis. Agricultural Water Management, 239: 106235.

Wei P, Ouyang W, Gao X, et al. 2017. Modified control strategies for critical source area of nitrogen (CSAN) in a typical freeze-thaw watershed. Journal of Hydrology, 551: 518-531.

Wei P, Ouyang W, Hao F, et al. 2016. Combined impacts of precipitation and temperature on diffuse phosphorus pollution loading and critical source area identification in a freeze-thaw area. Science of the Total Environment, 553: 607-616.

Wu D, Cui Y, Luo Y. 2019b. Irrigation efficiency and water-saving potential considering reuse of return flow. Agricultural Water Management, 221: 519-527.

Wu D, Cui Y, Xie X, et al. 2019a. Improvement and testing of SWAT for multi-source irrigation systems with paddy rice. Journal of Hydrology, 568: 1031-1041.

Wu X, Wu H, Ye J. 2014. Purification effects of two eco-ditch systems on Chinese softshelled turtle greenhouse culture wastewater pollution. Environmental Science and Pollution Research, 21(8): 5610-5618.

Wu Y, Liu J, Shen R, et al. 2017. Mitigation of nonpoint source pollution in rural areas: From control to synergies of multi ecosystem services. Science of the Total Environment, 607-608: 1376-1380.

Xavier M L M, Janzen J G, Nepf H. 2018. Numerical modeling study to compare the nutrient removal potential of different floating treatment island configurations in a stormwater pond. Ecological Engineering, 111: 77-84.

Xiang C, Wang Y, Liu H. 2017. A scientometrics review on nonpoint source pollution research. Ecological Engineering, 99: 400-408.

Xiao M H, Yu S E, She D, et al. 2015. Nitrogen and phosphorus loss and optimal drainage time of paddy field under controlled drainage condition. Arabian Journal of Geosciences, 8(7): 4411-4420.

Xie X, Cui Y. 2011. Development and test of SWAT for modeling hydrological processes in irrigation districts with paddy rice. Journal of Hydrology, 396: 61-71.

Xiong Y, Peng S, Luo Y, et al. 2015. A paddy eco-ditch and wetland system to reduce non-point source pollution from rice-based production system while maintaining water use efficiency. Environmental Science and Pollution Research, 22(6): 4406-4417.

Xu K, Xu X, Fukao T, et al. 2006. Sub1A is an ethylene-response-factor-like gene that confers submergence tolerance to rice. Nature, 442: 705-708.

Xue L H, Hou P F, Zhang Z Y, et al. 2020. Application of systematic strategy for agricultural non-point source pollution control in Yangtze River basin, China. Agriculture, Ecosystems & Environment, 304: 107148.

Yan W, Yin C, Tang H. 1998. Nutrient retention by multipond systems: mechanisms for the control of nonpoint source pollution. Journal of Environmental Quality, 27: 1009-1017.

Ye Q, Yang X, Dai S, et al. 2015. Effects of climate change on suitable rice cropping areas, cropping systems and crop water requirements in southern China. Agricultural Water Management, 159: 35-44.

Ye Y, Liang X, Chen Y, et al. 2013. Alternate wetting and drying irrigation and controlled-release nitrogen fertilizer in late-season rice. Effects on dry matter accumulation, yield, water and nitrogen use. Field Crops Research, 144: 212-224.

Yoshinaga I, Asa M, Hitomi T, et al. 2007. Runoff nitrogen from a large sized paddy field during a crop period. Agricultural Water Management, 87: 217-222.

Zhang B, Fu Z, Wang J, et al. 2019b. Farmers' adoption of water-saving irrigation technology alleviates water scarcity in metropolis suburbs: A case study of Beijing, China. Agricultural Water Management, 212: 349-357.

Zhang D, Wang H, Pan J, et al. 2018. Nitrogen application rates need to be reduced for half of the rice paddy fields in China. Agriculture, Ecosystems & Environment, 265: 8-14.

Zhang M, Tian Y H, Zhao M, et al. 2017. The assessment of nitrate leaching in a rice–wheat rotation system using an improved agronomic practice aimed to increase rice crop yields. Agriculture, Ecosystems & Environment, 241: 100-109.

Zhang S, Liu F, Xiao R, et al. 2016. Effects of vegetation on ammonium removal and nitrous oxide emissions from pilot-scale drainage ditches. Aquatic Botany, 130: 37-44.

Zhang W, Li H, Kendall A D, et al. 2019a. Nitrogen transport and retention in a headwater catchment with dense distributions of lowland ponds. Science of the Total Environment, 683: 37-48.

Zhang Y F, Liu H J, Guo Z, et al. 2018. Direct-seeded rice increases nitrogen runoff losses in southeastern China. Agriculture, Ecosystems & Environment, 251: 149-157.

Zhao X, Zhou Y, Min J, et al. 2012. Nitrogen runoff dominates water nitrogen pollution from rice-wheat rotation in the Taihu Lake region of China. Agriculture Ecosystems & Environment, 156(4): 1-11.

Zhou F, Shang Z, Zeng Z, et al. 2015. New model for capturing the variations of fertilizer-induced emission factors of N2O. Global Biogeochemical Cycles, 29(6): 885-897.

Zhou W, Guo Z, Chen J, et al. 2019. Direct seeding for rice production increased soil erosion and phosphorus runoff losses in subtropical China. Science of the Total Environment, 695: 133845.

Zhu G, Chen Y, Ella E S, et al. 2019. Mechanisms associated with tiller suppression under stagnant flooding in rice. Journal of Agronomy and Crop Science, 205: 235-247.

Zhuang Y, Zhang L, Li S, et al. 2019. Effect of water-saving irrigation on rice yield and water use in typical lowland conditions in Asia. Agricultural Water Management, 217: 374-382.

编　后　记

“博士后文库”是汇集自然科学领域博士后研究人员优秀学术成果的系列丛书。“博士后文库”致力于打造专属于博士后学术创新的旗舰品牌，营造博士后百花齐放的学术氛围，提升博士后优秀成果的学术影响力和社会影响力。

“博士后文库”出版资助工作开展以来，得到了全国博士后管委会办公室、中国博士后科学基金会、中国科学院、科学出版社等有关单位领导的大力支持，众多热心博士后事业的专家学者给予积极的建议，工作人员做了大量艰苦细致的工作。在此，我们一并表示感谢！

“博士后文库”编委会